序

生物学野外实习是高校生物学专业的重要教学环节。加强大学生野外实践能力的培养，对于提高生物学人才培养质量起着重要作用。野外实习实践不仅是理论联系实际的重要手段，也是培养和提高学生实际工作能力的有效途径，同时还可以培养学生观察自然和发现问题的能力，开阔学术视野和眼界，激发他们热爱自然和探索自然的热情，促进野外实践能力和综合素质的整体提高。野外实习实践活动还有助于培养学生团结互助、开放合作的团队精神，对于个人吃苦耐劳、坚忍不拔、勇于担当等优秀品质的培养也不无裨益。

云南地处我国西南边陲，位于东经97°31′—106°11′、北纬21°8′—29°15′之间，与西藏、四川、贵州和广西相接，西南部和南部则同缅甸、老挝和越南毗邻。全省为山地高原地形，海拔高差大，最高点位于滇藏交界处德钦县境内怒山山脉的梅里雪山主峰卡瓦格博峰，海拔6 740m；最低点位于河口县境内南溪河与红河交汇的中越界河处，海拔76.4m，两地直线距离约900km，垂直海拔相差约6 000m。云南气候基本属于亚热带高原季风型，立体气候特点显著，类型众多、年温差小、日温差大、干湿季节分明、气温随地势高低垂直变化异常明显。全省多样而独特的自然环境条件，为各种生物的起源、演化和繁衍提供了适宜的生境，造就了复杂多样的生态系统、物种资源和种质基因遗传资源。全省国土面积仅占全国的4.1%，但生态系统类型、生物种类数等均居全国之首。亚洲象、印度野牛、绿孔雀等25种野生动物在我国仅分布于云南。同时，云南省拥有大批孑遗种、特有种和稀有种，成为许多重要物种类群起源、分化及分布的关键地区之一，享有“植物王国”“动物王国”“物种基因库”等美誉。云南自然也成为我国西部地区重要的生物学研究和人才培养基地。

云南大学始终将野外实习实践教学放在生物学人才培养的重要位置，致力将云南得天独厚的生物资源优势转化为生物学专业人才培养的优势。早在极其艰苦的抗日战争时期，著名学者严楚江、俞德浚等先生就以昆明周边为教学和科研基地，研教结合，带领学生开展了大量的开创性工作，并对云南省河口等部分地区开展标本采集和研究。新中国成立后，生物学野外实习更是受到重视，生物学野外实习点分布在省内外各地，例如昆明西山、筇竹寺、武定狮子山、丽江玉龙雪山、大理苍山、宾川鸡足山、西双版纳小勐养、滇中无量山、耿马孟定等地以及四川峨眉山、海南、广西等，并于1957年开始在西双版纳创建教学与科研相结合的小勐养生物站，持续使用到20世纪60年代末期。改革开放后，云南大学着眼于高水平生物学人才培养，立足于云南得天独厚的生物资源和区位优势，狠抓生物学野外实习基地建设，与相关地区、部门、院所联合共建了特色鲜明的云南西双版纳（热带雨林）、香格里拉（高寒生态系统）、屏边大围山（热带亚热带生态系统）、东川和昭通（典型退化生态系统）、景东哀牢山（亚热带常绿阔叶林）5个不同类型的开放性生物学野外实习基地，改革和创新野外实践教育，加大实习指导教师队伍建设，培养了大量的优秀人才。尤其是近10余年来，在国家基础科学人才培养基金野外实践能力提高项目等支持下，通过对实习基地不断建设和完善，我们重点建成了集中反映云南典型的立体气候条件、代表性生态环境类型和丰富生物多样性的“西双版纳–元江–昆明–轿子雪山”生物学野外实习基地系统。该基地系统不仅服务于云南大学生物学野外实习实践教学，还率先开放共享，接受国内外兄弟院校师生联合实习，为全国生物学人才培养发挥了积极作用。

为了更好地发挥云南独特丰富的生物资源优势，提升生物学野外实习实践教学质量，我们编写了这套《云南生物学野外实习系列教材》，在编写过程中力求准确、简明、便携、实用。

本丛书编写人员及分工：肖蘅主要负责丛书的整体设计和编写组织；肖蘅和王焕冲负责编写《生物学野外实习指导》，王焕冲、和兆荣负责编写《云南高原常见野生植物手册》，廖峻涛负责编写《云南高原常见鸟类野外手册》，陈明勇、肖蘅和李正玲负责编写《西双版纳昆虫野外手册》，余泽芬、张汉波负责编写《西双版纳大型真菌野外手册》。

丛书的编写得到了国家基础科学人才培养基金云南大学生物学基地野外实践能力提高项目（J0630650，J1030625，J1310040）的支持，也得到了国家“万人计划”教学名师特殊支持项目、国家级教学团队（云南大学宏观生物学系列课程教学团队）项目、国家精品课程（云南大学“动物生物学”）项目、云南省精品课程（云南大学“动物生物学”“植物生物学”）项目等的支持，编写本丛书也是上述项目的建设任务之一。在编写过程中，还得到了云南大学教务处和生命科学学院有关领导的支持。感谢高等教育出版社吴雪梅编审等为系列教材的编写和出版提供的大力帮助和支持。

限于编者水平，书中难免有错误和欠妥之处，恳请有关专家和读者朋友批评指正。

肖蘅

2019年9月于昆明

前　言

在开展生物学调查、研究和野外实习教学过程中我们发现，在野外能见到最多的动物就是昆虫，它们的生态环境多种多样，有天上飞的、地上跑的、水里游的，还有在土壤里蛰居的，可以说昆虫是无处不在的。昆虫是动物类群中最为丰富的门类，并且形态特征、生活习性等极其多样化，尤其是在像云南西双版纳这样的热带地区。

然而，在实际工作中，面对纷繁复杂的昆虫种类，要认识它们、鉴定出科学的名称、了解它们的形态特征和生活习性，进而从生物学的各个层面深入开展研究，对于广大师生来说非常困难，因此，编写一本简单、实用的昆虫野外手册供调查、研究和野外实习使用是十分必要的。

近年来，国内外许多专家、学者在编写昆虫野外手册方面做了大量的工作，国内也有很多专著出版，如《中国蝶类志》《中国蝴蝶分类与鉴定》《中国灰蝶志》《中国蛾类图鉴》《中国昆虫生态大图鉴》《常见昆虫野外手册》等，但是针对西双版纳这一特定区域，要弄清楚昆虫的种类，却需要准备大量的工具书，并且这些工具书中有的体量很大，野外携带不方便，有的虽然适合野外用，但昆虫种类缺乏针对性，亦不能满足师生在使用中查对物种。因此，西双版纳昆虫多样性的野外用书，既要有西双版纳地区的针对性，又要便于携带，这样的野外手册目前还未见有正式出版物。

在20余年野外调查研究工作中，我们陆续拍摄到大量珍贵的西双版纳地区昆虫生态照片，但要将它们全部进行分类，对于我们现有的资料来说实在是一件困难的事。经归类整理，采用收集到的图鉴、专著、检索表及发表的研究论文进行分类，我们分出了500余种的昆虫种类，它们可能只是本地区昆虫种类的1/2或1/3，但基本代表了西双版纳地区的常见昆虫，因此，我们将这些照片按昆虫分类系统进行了编目，以图文并茂的形式形成了本书，供大家在西双版纳地区开展昆虫调查、研究与实习教学时使用。在今后的研究工作中，我们还将对其他的种类进行收集、分类与鉴定，以便再及时更新和扩展本书内容，供读者使用。

由于编者水平有限，书中难免有错误与不足，敬请读者批评指正。

陈明勇

2019年12月

目　录

1. 昆虫概述

1.1 昆虫的种类与数量

昆虫属节肢动物门（Arthopoda）昆虫纲（Insecta），是地球上最为繁盛的生物类群，在动物界中，其种类、数量也最多，据估计，地球上的昆虫可能达1000万种，约占全球生物多样性的一半（彩万志等，2011）。已命名的昆虫种类的统计数据学术界存在一定的差异：有人估计为100万种，占动物界已经种类的2/3（彩万志等，2011）；有人估计已达110万余种，约占地球上动物总数的85%（嵇保中等，2011），并且，随着研究的不断深入，新的种类还在不断被发现和记载。

据估计，中国有昆虫60万~100万种，而目前仅记载了10万余种（彩万志等，2011），还有大量的物种有待发现和命名。

同种昆虫的个体数量有时可能很大，尤其是一些重要的农业、林业昆虫，如我国历史上成灾的东亚飞蝗（*Locusta migratoria*）迁飞时可遮天蔽日，旬日不息，不计其数。非洲的沙漠蝗（*Schistocerca gregaria*）蝗群最大可覆盖1200 hm^2的土地面积，遍及65个国家和地区，个体有7亿~20亿只之多；一棵树上蚜虫可达10万只，一个蚂蚁种群可达50万个个体，1 m^2的土壤中可能有弹尾目昆虫10万头（彩万志等，2011）。

1.2 昆虫的形态特征

昆虫身体左右对称，由一系列被有几丁质外壳的体节组成。躯体分为头部、胸部、腹部3部分。头部是取食和感觉的中心，有1个口器、1对触角、1对复眼和若干单眼。胸部是运动与支撑的中心，由前、中、后3个胸节组成，每节有1对附肢，即胸足。多数昆虫在中、后胸上各有1对翅，但有的昆虫仅有1对翅，或完全退化为无翅。腹部包含生殖系统和大部分内脏。腹部附肢在成虫时多已经消失，仅留1对尾须和外生殖器。昆虫的体腔即血腔，心脏在身体的背面，以气管系统（tracheal system）呼吸，以马氏管（malpighian tube）进行排泄。一般雌雄异体，直接发育或间接发育，从幼虫到成虫需要经过一系列的外部和内部变化，即变态。有的类群为完全变态，有的为不完全变态。

简言之，昆虫纲的形态特征主要是：体躯分成明显的头、胸、腹3个体段，具6足，多数还有2对翅（图1-1）。

图1-1　昆虫的基本结构示意图（陈明勇摄）

1.2.1 昆虫的头部

头是昆虫身体最前面的一个体段，着生有主要的感觉器官和取食器官，是感觉和取食中心。头部由几个体节愈合而成，形成头壳，外壁坚硬。头的上部、前方有1对触角，下方是口器，两侧通常有1对大的复眼，头顶常有1~3个小的单眼。这些器官的形态因昆虫种类不同而差异较大。

（1）触角

昆虫一般具有一对触角，位于两复眼之间，是主要的嗅觉和触觉器官，在寻找食物和配偶时起着非常重要的作用。昆虫的种类不同，触角的形状也不一样：如，直翅目的蝗虫和鞘翅目的天牛，其触角很长，称为丝状触角；鳞翅目蝴蝶的触角像打垒球的棒子，称为棒状触角；金龟子的触角像鱼鳃，称为鳃状触角；鳞翅目蛾类和双翅目蚊类的触角像羽毛，称为羽状触角；蜂类的触角像膝关节，称为膝状触角；白蚁的触角像一串念珠，称为念珠状触角等，这些差异常用作昆虫分类的重要依据。

（2）眼

昆虫一般在头部两侧生有一对复眼。复眼是昆虫的主要视觉器官，大多为卵圆形，由成千上万个六角形的小眼组合而成，能感受物体的形状和大小，并可辨别颜色。

在昆虫的头顶上一般还有1~3个单眼，单眼的构造比较简单，仅能感觉光的强弱，不能看见物体。

（3）口器

口器是昆虫的取食器官，由头壳的上唇、舌及头部3对附肢特化成的上颚、下颚及下唇构成。昆虫的食性不同，取食方式也各异，经过长期适应与进化，形成了各种类型的口器。大致可分为咀嚼式口器、刺吸式口器、虹吸式口器、舐吸式口器、嚼吸式口器5种。

1.2.2 昆虫的胸部

胸部是昆虫运动的中心，胸节外壳的几丁质高度骨化，其内部着生有强大的肌肉，中、后胸上有用于呼吸的气门。大多数昆虫的胸部有3对足和两对翅，足行走，翅飞翔。

（1）足

昆虫的胸部共分3个体节，每节有1对足，依次为前足、中足和后足。每只足由基节、转节、腿节、胫节、跗节等组成，跗节的末端有爪，有的还有肉垫。各种昆虫由于生活环境不同，其足的形态构造也相应地发生变化，足的功能也不同。如，蜚蠊的步行足较细长，适于疾走；蝗虫的跳跃足，后足腿节特别发达，适于跳跃；螳螂的捕捉足，前足的腿节和胫节能合抱在一起，适于捕捉其他昆虫；蝼蛄的开掘足，前足胫节宽扁有齿，适于掘土；蜜蜂的后足胫节向外的一面有槽，边缘有长毛，形成一个可以装花粉的花粉筐，称为携粉足；龙虱的后足特化成桨状，各节扁平，胫节和跗节的边缘有长毛，适于划水，称为游泳足等。

（2）翅

大多数昆虫成虫在中胸和后胸的背侧各着生有一对翅，位于中胸的称为前翅，位于后胸的称为后翅。大多数昆虫的翅均为膜质薄片，贯穿有翅脉。翅脉是延伸在翅膜内的气管系统的遗痕，起骨架作用，增强飞翔时翅的机械运动功能。不同昆虫的翅，其质地和硬度变化很大。如，蜜蜂的翅透明，呈薄膜状，称为膜翅；蝗虫的前翅像皮革，覆在后翅上，称为革翅或覆翅；甲虫的前翅硬化成角质，坚硬厚实，称为鞘翅；蝽蟓的前翅基部为角质，端部为膜质，称为半鞘翅；蝶类和蛾类的翅为膜质，翅上覆盖着鳞片，称为鳞翅等。

作为昆虫的飞行器官，翅对昆虫的生命活动具有重要作用。昆虫在飞行时翅的运动包括上下拍击和前后扭转，翅每上下拍击一次，翅面就沿着翅的纵轴扭转一次。翅的上下拍击和前后扭转，使虫体周围产生定向气流，在虫体的前方和上方形成低压区，后方和下方形成高压区，推动着虫体向上、向前飞行。

1.2.3 昆虫的腹部

腹部位于昆虫身体最后端，前面与胸部相连接，是昆虫消化食物和繁殖后代的中心。腹部一般由9~11个体节组成，少数种类减少至3~6节。末尾几节常合并或退化，有时腹部第1节与胸部最后1节合并为胸腹节，其余各节构造十分相似，由背板和腹板组成，前8节通常各具1对气门。各节间有由褶叠起来的膜相连，所以昆虫的腹部才能够自由伸缩，如蝗虫产卵的时候能把腹部拉长，把卵产在较深的土里，主要是依靠节间膜的作用来完成的。最末1节着生1对尾须，起感觉作用。

1.3 昆虫纲分目

生物分类学的鼻祖——瑞典博物学家林奈（Linnaeus，1707—1778）最早将昆虫分为6个目。现代昆虫纲的分类系统很多，分目的数量和各目的排列顺序尚无一致的意见。

在昆明纲中，亚纲等大类群的设立意见也不一致，广义的昆虫纲为六足总纲（Hexapoda），包括内口纲（Entognatha）和狭义的昆虫纲（Insecta）。

国际上一般将昆虫分为28~33个目，但马尔蒂诺夫却将昆虫分成了40个目。

国内普遍采用广义的昆虫纲分类系统，即六足总纲分类系统，包括35个目，其中，内口纲包括原尾目（Protura）、弹尾目（Collembola）和双尾目（Diplura）；并将昆虫纲分为无翅亚纲和有翅亚纲，无翅亚纲包含2个目，即石蛃目（Archeognatha）和缨尾目（Thysanura）；有翅亚纲分古翅次纲和新翅次纲。古翅次纲包括蜉蝣目（Ephemeroptera）和蜻蜓目（Odonata）。新翅次纲包括3个总目，即直翅总目、半翅总目和脉翅总目。直翅总目包括蜚蠊目（Blattaria）、等翅目（Lsoptera）、直翅目（Orthoptera）、螳螂目（Mantodea）、䗛目（Phasmatodea）、革翅目（Dermaptera）、螳䗛目（Mantophasmatodea）、蛩蠊目（Grylloblattodea）和纺足目（Embioptera）。半翅总目分为缺翅目（Zoraptera）、啮虫目（Psocoptera）、食毛目（Mallophaga）、虱目（Anophura）、缨翅目（Thysanoptera）、同翅目（Homoptera）、半翅目（Hemiptera）。脉翅总目分为蛇蛉目（Rhaphidioptera）、广翅目（Megaloptera）、脉翅目（Neuroptera）、鞘翅目（Coleoptera）、捻翅目（Strepsiptera）、双翅目（Diptera）、长翅目（Mecoptera）、蚤目（Siphonaptera）、毛翅目（Trihoptera）、鳞翅目（Lepidoptera）和膜翅目（Hymenoptera），又可以分为古翅总目和新翅总目。昆虫纲的分目如图1-2所示。

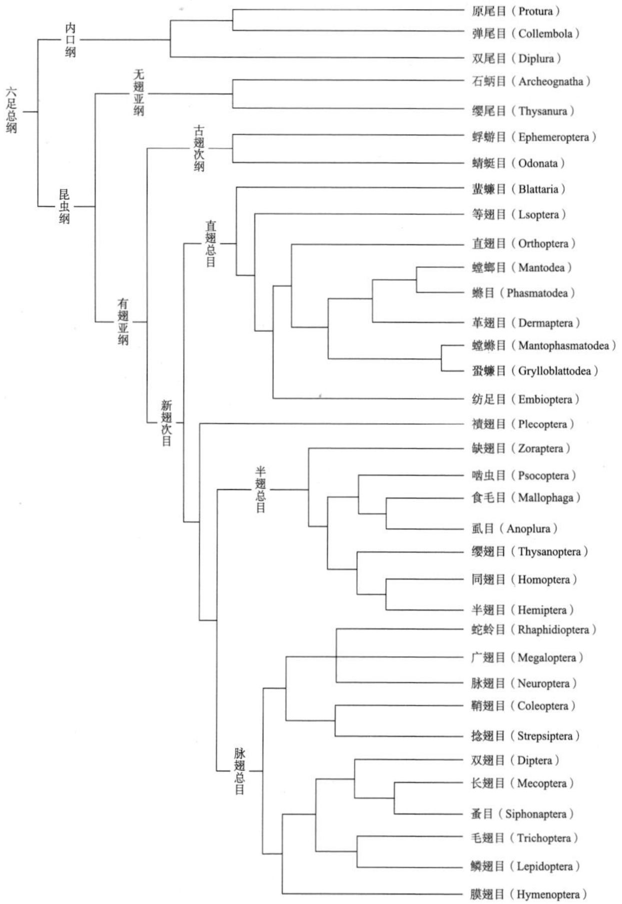

图1-2　六足总纲高级阶元的系统发育图（彩万志等，2011）

2. 昆虫野外调查方法

生物多样性（biodiversity）是一定空间内生物的变异性，通常包括遗传多样性、物种多样性和生态系统多样性3个层次。

一般地，昆虫多样性调查的重要内容包括区系物种组成及其分布、重要经济昆虫种类（益虫、害虫、资源昆虫等）、不同生境的代表性种类、保护昆虫种类、珍稀濒危种类以及特有种类等。

2.1 野外调查准备

2.1.1 搜集、整理调查区动物名录

现代科学研究工作往往是在前人工作的基础上进行，因此需要全面学习和掌握前人在相同领域和相近研究的科研成果。昆早的调查研究也一样，在开展调查研究前，需要调查研究人员查阅历史文献，包括发表的学术论文、出版的专著、调查报告等，在此基础上，编制拟调查区域的已知昆虫名录，作为本底数据，以此制定调查计划。调查完成后，将调查结果与已知名录相比较，还可以分析该地区昆虫种类的变化及动态，并进一步探讨其变化的原因。

2.1.2 搜集调查区域资料

自然地理资料搜集：地质、地貌、气候、水文、植被、植物、土壤等方面的资料。

地图准备：作为工作用地图，最好搜集具有等高线的地图，较为常用的是1：50000或1：25000的大比例尺；并可将纸质地图电子化，还可以安装相关的软件，如ArcGIS或Google earth，获取相关基础地理数据，或下载免费的卫星地图。

人类活动情况：人口数量、民族与宗教、村寨分布、社会经济发展现状、昆虫保护与利用现状（利用昆虫的种类、利用方式、利用数量等）。

文献综述：查阅国内外相关研究文献并进行分类后，研究者可以综述已开展研究中涉及昆虫种类、采用的主要研究方法和内容，以及已经获得的主要研究成果，总结以往调查研究存在的不足，物种存在的主要问题，在此基础上明确拟开展调查研究的对象、目的意义和研究方法。

2.1.3 工作用工具和装备

根据需要进行准备，包括工作方面（观察、记录和标本制作）和生活方面的装备。

观察及记录设备：专业数码照相机（单反数码相机及各种专业镜头，有时手机也可以作为图片和视频的采集工具）；数码摄像机；野外调查记录本/调查表。

空间数据采集设备/仪器：手持全球定位仪（GPS）（有时手机下载安装GPS软件，如GPS工具箱等也可以测量经度、纬度和海拔高度）；罗盘；海拔表等。

通讯设备：手机、对讲机等。

度量工具：重量度量工具，包括电子称、天平、弹簧称等；尺寸度量工具，包括游标卡尺、皮尺、卷尺、直尺、计步器等；时间度量工具，包括手机、手表、闹钟、秒表等；温湿度度量工具，包括温湿度计、温度计、湿度计等。

照明设备：手电筒、头灯、应急灯、手机等。

制作和剖检用具：解剖盘、解剖器、注射器、滑石粉、防腐剂、棉花、刷子、针线、昆虫针、标本盒、展翅板等。

固定、保存液：乙醇、甲醛（福尔马林）等。

工具书：

[1] 陈明勇，李正玲，王爱梅，等.西双版纳蝶类多样性[M]. 昆明：云南美术出版社，2012.

[2] 黄灏，张巍巍. 常见蝴蝶野外识别手册[M].重庆：重庆大学出版社，2008.

[3] 李传隆.云南蝴蝶[M].北京：中国林业出版社，1995.

[4] 李丽莎.云南天牛[M]. 昆明：云南出版集团公司，云南科技出版社，2009.

[5] 任顺祥，王兴民，庞虹，等. 中国瓢虫原色图鉴[M]. 北京：科学出版社，2009.

[6] 虞国跃. 中国瓢虫亚科图志[M]. 北京：化学工业出版社，2010.

[7] 王心丽. 夜幕下的昆虫[M]. 北京：中国林业出版社，2008.

[8] 王敏，范骁凌.中国灰蝶志[M]. 郑州：河南科学技术出版社，2002.

[9] 张巍巍.常见昆虫野外手册[M].重庆：重庆大学出版社，2007.

[10] 张巍巍，李元胜.中国昆虫生态大图鉴[M]. 重庆：重庆大学出版社，2011.

[11] 张巍巍.昆虫家谱[M]. 重庆：重庆大学出版社，2014.

[12] 周尧.中国蝶类志（上、下册）[M]. 郑州：河南科学技术出版社，1994.

[13] 周尧. 中国蝶类志（上、下册）（修订本）[M]. 郑州：河南科学技术出版社，2000.

[4] 中国科学院动物研究所. 中国蛾类图鉴（Ⅰ~Ⅳ）[M]. 北京：科学出版社，2000.

2.1.4 生活用品

食品和水是最重要的生活用品，每次开展调查时必需做好充分准备。

野外用服装：迷彩服（作训服、登山服）、蚂蝗袜、防蚊罩、遮阳帽、登山鞋、迷彩鞋、拖鞋等。

其他生活用品：洗漱工具、野外背包、帐篷、睡袋、风镜、墨镜、雨衣/雨伞、手电筒/头灯、水壶/矿泉水等。

防虫药：风油精、花露水、灭害灵等。

常用药品：蛇药、外伤药（创可贴、云南白药等）、感冒药、腹泻药、防疟疾药、防晒霜等。

2.2 昆虫野外调查方法

野外识别的重要依据是昆虫的翅，如具鳞翅的主要是蝶类和蛾类、具硬壳的多数为鞘翅目昆虫、具膜翅的为蜻蜓目等。从生活特点来看，许多种类在白天活动，如鳞翅目的蝶类、双翅目的蝇类、蜻蜓目的大部分种类等，但也有大量的昆虫在夜间活动，如鳞翅目的蛾类、双翅目的蚊类等，因此调查研究方法也各不相同。常用的昆虫多样性调查方法如下。

（1）线路调查法

沿着特定的道路、路径进行调查和标本采集。

（2）点线结合调查法

事先确定一定的调查点，在对调查点调查的基础上，以调查点为中心，向四周延伸调查。以线路连接各个调查点。

（3）样带调查法

在不同的海拔高度设调查样带进行调查。一般样带间高差约400 m。为了比较各个样带的数据，应注意采集时间等因素的一致性。

（4）样方调查法

设定1m × 1m的样方，调查昆虫的种类和数量。每种生境至少随机设置3~5个样方。每个样方应调查到地表、土壤和植被的昆虫。

（5）访问调查法

具体可采用走访、访谈、问卷调查等方式，事先设计调查表格，提供拟调查的特定类群昆虫、资源昆虫、珍稀濒危昆虫等的照片等进行调查。注意调查操作中避免诱导被访问者。

2.3 昆虫标本采集方法

2.3.1 采集时间选择

昆虫大体上一年四季都可以采集，但不同的昆虫种类，采集的季节不太一样。晚春至秋末，昆虫的活动最为频繁，是一年之中最适宜采集的时期。到了冬季，活动的昆虫明显减少，许多种类都已经蛰伏，能够采集的种类较少，但有的种类仍然活动，通过仔细搜捕也能获得一些标本。因此，采集的季节要根据自己的目的和需要而定。

根据各类昆虫的生活习性不同，可以选择采集时间。如采集蝴蝶时，大批蝴蝶成虫在4—8月出现，在这一季节采集工作就十分容易，且蝴蝶成虫在每天9—15点最为活跃，是一天中最适宜的采集时间，而早上和晚上则是眼蝶、弄蝶和环蝶活动的活跃时间；晚春至秋末，是蛾类和甲虫的活动高峰季节，由于许多蛾类有趋光性，在夜间用灯光进行诱捕可以吸引大量蛾类，可以选择性采集一部分作为标本。由于有些昆虫只有在活动的时候才易被发现，所以在温暖、晴朗的天气采集收获较大，而多数昆虫在阴冷大风的天气都蛰伏不动，不易被发现和采集。夏季炎热的中午，在溪边吸水的蝴蝶较多，在沟谷或山涧缺口处往往有多种蝴蝶穿飞，调查者可以在此等候，“守溪待蝶”。

2.3.2 采集地点选择

昆虫分布极广，各类昆虫的生活环境不同，采集地点亦不同。对于甲虫来说，喜在高山枯木处生活，因此其分布区域林区多于平原农田区，山区以阔叶林为最多。由于昆虫多以植物为食，因此一般来说，植物种类丰富的地方大多昆虫种类较多。

2.3.3 采集方法

（1）网捕法

网捕法是采集昆虫最常用的方法，即用捕虫网捕捉能飞、善跳的昆虫。对于飞行迅速的种类，要用捕虫网迎头捕捉，动作应敏捷轻快，并立即折转网口，使昆虫困于网底。然后用一只手握住网底的上方，另一只手揭开毒瓶放入网内，瓶口对着网底，令被困的昆虫进入毒瓶中，随即把瓶口紧帖网袋取出，盖上瓶盖。若捕获蛾类、蝶类，为使其翅上的鳞片免受损落，可以用手隔着网袋在虫子的胸部轻捏1~2 min使其窒息，看到翅膀停止扑动后放入毒瓶内毒杀。被毒杀的蛾蝶其四翅往往折于身体的腹方，应在其肌肉僵硬之前从毒瓶取出，把四翅叠向身体背方，放入三角纸包，并写好标签。如果捕获具有螯刺的蜂类或猎蝽等，可边同网底一起放入毒瓶内，使昆虫麻痹后再从网底取出，放入毒瓶内毒杀。

（2）扫捕法

对于栖息在草丛或灌木丛中的昆虫，如直翅目的蝗虫等，用扫网捕捉可以将它们扫入网内。调查者可以边走边扫捕，然后把收集在网底的昆虫从网口倒入准备好的毒瓶中，毒杀后再倒在白纸上挑选、制作和保存。或在扫网底部开口处套上一个塑料瓶，便可直接把昆虫集中放在瓶中，减少取虫的麻烦。若捕捉水生昆虫，则要使用水网，可根据各种水域环境采集不同的种类。

（3）搜索法

采集昆虫不仅要有一套合适的工具，而且还要学会运用有效的方法寻找所需要的昆虫。很多昆虫躲藏在各种隐蔽的地方，需要用搜索法进行采集。树皮下、朽木当中是很好的采集处，用刀剥开树皮或挖开朽木，能采到很多种类的甲虫。砖头、石块下也是采集昆虫的宝库，可以到处翻动砖石土块，一定有丰富的收获。在秋末、早春以及冬季，用搜索法采集越冬昆虫更为有效，因树皮、砖石、土块下、枯枝落叶中甚至树洞里面都是昆虫的越冬场所。

（4）击落法

对于高大树木上的昆虫，可用振落的方法进行捕捉。其方法是先在树下铺上白布，然后摇动或敲打树枝树叶，利用许多昆虫有假死的习性，将其振落到白布上进行收集。用这种方法可以采集到鞘翅目、脉翅目和半翅目的许多种类。有些没有假死习性的昆虫，在振动时，由于飞行暴露了目标，可以用网捕捉。所以，利用振落法进行采集，一般可以捕获许多昆虫。

还可以用消防灭火器或其他喷雾器在森林上层喷洒药粉击落昆虫，使它们掉落到预先铺设的塑料布上，从而采集森林上层的昆虫。

（5）引诱法

利用昆虫对光线、食物等因子的趋性，用引诱法进行采集，是极省力而又有效的方法。常用的引诱法有灯光诱集、糖蜜诱集、腐肉诱集和异性诱集，少量昆虫嗜食兽类、鸟类及人类的粪便、尿液，也有些种类喜欢吸食动物的腐尸，因此也可以有相应的昆虫标本被捕捉。

有的蝴蝶种类也可用引诱的方法捕捉，根据蝴蝶种群不同使用不同的引诱剂，如腐烂的水果、专门用酿的米酒、酒糟等，也可在蝴蝶喜到的地方，将先捕到的蝴蝶捏死后放下，引诱同类前来，进而采集标本。

2.3.4 图片影像收集方法

影像生物多样性快速调查法（image biodiversity expedition，简称IBE调查）是以不破坏野生生物资源为前提，尽量不采集或少采集标本，主要采用数码相机、摄像机拍摄或手机所见到的物种图片资料，收集带有科学数据的照片、影像的野外生物多样性科学调查方法当今数码技术十分发达，若不需要保存昆虫标本，可采用这种环保、便捷的方法。

2.4 昆虫标本制作方法

昆虫标本的制作方法有很多，现以其中8种制作方法为例介绍，最常见的是针插标本制作法，大部分的昆虫标本制作都可采用此方法。

2.4.1 针插标本制作法

（1）昆虫针

昆虫针主要对虫体和标签起支持和固定作用。目前市售的昆虫针多采用优质不锈钢丝制成。针的顶端有以铜丝制成的小针帽。按针的长短、粗细，昆虫针有数种型号，可根据虫体大小分别选用。通用的昆虫针有7种，即00号、0号、1号、2号、3号、4号、5号。0至5号针的长度为39 mm，0号针最细，直径0.3 mm，每增加一号其直径增粗0.1 mm。00号针没有针帽，是把0号针自尖端向上1/3处剪断而成，可用于制作微小型昆虫标本，把它插在小木块或小纸卡片上，又名微虫针、二重针。

（2）插针

昆虫种类不同，插针位置也有所不同，主要是避免针孔位置不当而损伤虫体中间部分的特征，从而影响分类鉴定。插针时，要尽量避免插斜而造成标本前后、左右倾斜，因此务必使昆虫针与虫体保持垂直，即90° 夹角。

已插针的标本，要进一步调整虫体在针上的位置，并使附插标签各就各位，做到层次分明，规格一致，便于移动，利于观察。插针时如虫位过高，即针帽至虫体距离过短，手指移动标本时极易触伤虫体；虫位过低又影响下面所附插的小标签。所以，必须使虫体与针帽和小标签保持适当距离。

（3）展翅

鳞翅目成虫通常是用插针展翅法制成标本，使用的主要工具是展翅板，展翅板分为固定式和可调节式两种，可以从专门的产家或公司购买，也可以选用质量轻软的木板或泡沫板自行制作。制作固定式展翅板时，可多做几种沟槽宽窄不一的，以便根据虫体大小分别选用。使用移动式展翅板展翅时，需先根据虫体（头、胸、腹）的粗细移动板面，使虫体正好纳入槽内，以左右两侧不触及板体为准，然后拧紧旋钮。

把已插针的虫体放进沟槽插在底板上（底板上粘一条软木板，易于插针）。用小镊子调整虫体，使体背与沟槽口面相齐。先展左侧前后翅，再展右侧前后翅；同侧先展前翅，再展后翅。先用纸条在前翅基部附近把虫翅压在板面上，纸条上端用大头针固定在翅前方稍远一点的位置上，左手拉住纸条向下轻压，右手用解剖针（或大头针）向前轻挑前翅前缘与虫体体轴垂直，再稍向前挑一点，以待虫翅干燥后回缩时，正好与体轴相垂直。然后把左侧触角沿前缘平行地压在纸条下；紧接着挑展后翅，在不掩盖后翅前缘附近的主要斑纹特征的情况下，把后翅前缘挑在前翅内缘下，并拉紧纸条，平压后翅的翅面上，用大头针固定纸条下端。同上法再展右侧前后翅。为了稳固翅位、保持翅面平整，在左右两对翅的外缘附近，再各加压一纸条。

2.4.2 贴翅标本制作法

在教学中，蝶类、蛾类插针标本因经常取放、传递观察颇易损伤，同时又鉴于蝶蛾类昆虫主要特征又多取决于翅面，因此可用透明胶带粘贴双翅制成贴翅标本。

贴翅标本的制作方法不一，现以菜粉蝶为例介绍单面贴翅法。

① 先根据翅面大小，选用适宽的透明胶带和与翅面主色近似的一小块电光纸，用小镊子分别从翅基部取下4翅。

② 任取一翅，翅面朝上放在电光纸上，用胶带盖贴。盖贴时先把胶带一端粘在翅前方的电光纸上，然后向下徐徐把胶带拉平，先贴住翅缘，再盖贴翅面。最后粘贴在翅面下的电光纸上；把胶带剪断。依上法把四翅一一用胶带

贴妥。

③ 用小圆头镊子尖，沿翅边周围加压，使翅边的胶带牢固地粘在电光纸上。

④ 把已压边的四翅，逐一沿翅边剪下。剪边时最好用小弯头剪刀便于弯转剪边。剪边要宽窄适度，过宽则会失真，过窄则胶带和纸边不易粘牢。

⑤ 把已剪好的四翅，按展翅位置用胶水粘贴在一张大小适中的卡片纸上，再把触角粘妥。

⑥ 在卡片的下方，注明标本名称、分类位置等，贴翅标本即制成。

制作贴翅标本除上述方法外，还有如下制作方法：将透明胶带依翅体大小剪下一段，胶面朝上平展在玻璃板上，把已取下的四翅，翅面朝向胶面，按照生态姿势放在胶面上，再把触角粘在适当位置上，在翅下方粘上小标签（字面朝下），最后盖上一张大小适当的卡片纸（或其他衬纸）压平即可。置放虫翅和触角时，需按生态姿势，预先设计好各自的适当粘着位置，须一次放妥，否则翅面、触角一经置放，即被粘住，无法再次调理。

将4翅的翅面，先按生态姿势摆在卡纸（或其他衬纸）上，再放上触角，加上小标签；然后盖以透明胶带。操作时为防止翅和触角移动错位，可在翅基和触角两端各点上少许微量胶水，暂时固定。盖压胶带时，先将胶带的一端固定，然后慢慢拉压胶带，随拉随向下压盖虫翅，要稳拉、拉平，防止发生皱褶或气泡，须一次拉压严紧。

贴翅标本主要用于观察虫翅形态特征，而虫体的其他部分如头、胸、腹、及其附肢，也是分类鉴定的重要依据，因此贴翅标本多用于制作一般标本，对于珍稀些的蝶蛾类，仍是以整体插针保存为好。

2.4.3 幼虫标本浸制法

（1）幼虫标本处理

① 排空肠道　采集或饲养的活动虫，须先停食致饥，待其肠道里的食物消化完毕，排尽残渣之后，再加工浸制。目的是防止虫体污腐不洁、污染浸渍溶液而损坏标本。

② 热水浴虫　为防止昆虫浸渍后皱曲变形，需在浸渍前用热水浸烫，使虫体伸直，充分显露出虫体特征，然后再投入浸渍液中。用热水浸烫时，时间过长会使虫体破损。比较稳妥的方法是把热水（90℃左右）倒入玻璃容器内，用热水和蒸汽将虫致死，使虫体伸直，此法称为“热浴”。一般体小而软嫩的幼虫可热浴2 min左右，大而粗壮的需要5~10 min，待虫体伸直，即开盖取出，稍凉后再浸入浸渍液。

（2）常用的浸渍液

① 乙醇浸渍液　把无水乙醇加蒸馏水稀释成75%乙醇溶液。乙醇对虫体起脱水固定作用，如直接投入75%乙醇中，会使虫体变硬发脆。可先将虫体放入30%乙醇中1 h，然后再逐次放入40%、50%、60%、70%乙醇中，各停留1 h，最后放入75%乙醇浸渍液中保存。用乙醇浸渍液保存的标本比较干净，肢体完整舒展，便于观察（尤其是附肢较长的昆虫标本用此法效果很好）。乙醇浸渍液处理标本的缺点是虫体内部组织仍然较脆，提供解剖实验时容易碎裂，妨碍系统观察。大量标本初次投入乙醇浸渍液时虫体内部脱出的水会把浸渍液稀释，应在半个月后更换一次浸渍液，经久不换会使某些标本变黑走形。为缓解虫体在乙醇中浸渍的脆度，也可在乙醇中滴入0.5%~1%的甘油，使虫体壁变得较为柔软些。

② 福尔马林浸渍液　把福尔马林用蒸馏水稀释成2%~5%的溶液即可用浸渍液保存标本。此法简单、经济、防腐性能好；缺点是易使虫体肿胀，肢体易脱落。

③ 乙酸—福尔马林—乙醇浸渍液　用此种浸液，可克服单用乙醇或福尔马林的不足，易使标本保持常态。配制方法：75%乙醇150 mL，无水乙酸40 mL，福尔马林60mL，蒸馏水300 mL。用此种浸渍液，可将幼虫一次投入，然后密封容器长期保存，注意适时更换或添加浸渍液。

④ 乙酸—白糖浸渍液　用此浸渍液浸渍标本，可在一定时间内对绿色、红色、黄色的幼虫体色起到保色作用。配制方法：纯净白糖5 g、无水乙酸5 mL、福尔马林5 mL、蒸馏水100 mL。

上述标本浸渍液不仅适于各种幼虫标本的浸制，其他多种昆虫的各态标本也可以选用。昆虫标本浸渍液的配制方法较多，各有优点和不足，关键是根据虫体结构和药物原理，分别采用不同的浸渍液，并在实践中摸索和积累经验，不断提高浸渍标本的质量。

2.4.4 幼虫标本干制法

将躯体完整的活幼虫平放在较厚的纸上或解剖盘中，腹面朝上，头部朝向操作者，尾向前展直。用一玻璃棒（或圆木棍、圆铅笔杆）从头胸连接处向尾部轻轻滚压，使虫体内含物由后面渐渐排出，以后逐次用力滚压数次，直到虫体内的内含物全部压出，只剩一个空的虫皮为止。

取医用注射器，拉空针管，将针头插入后面（不宜过深，但过浅又易脱落），然后用一细线将后面与尾部插针处扎紧，剪断余线。将已经插入针头的虫体连同注射器一起移到烘干器上，将加温的虫体轻轻送入罩内，即可点灯加热。操作时，一边加热一边徐徐推动针管，向虫体内注入空气，此时需注意密切观察虫体伸胀情况，并反复转动虫体使之烘匀，待恢复虫体的自然状态时，即停止注气，把虫体彻底烘干，移出罩外，在尾部扎线处，滴一小滴清水，用小镊子把扎线退下。用一粗细适当小玉米杆或火柴棍从后插入虫体，以能支撑虫体为度，然后在杆（棍）的外端插上昆虫针，用三级台固定虫位，插上标签。

2.4.5 生态标本制作法

常用的方法是将某种昆虫的各虫态（卵、幼虫、蛹、成虫）及其寄主的被害部分，一起装配在玻璃面标本盒内，可供教学、科普展览之用。

标本盒一般用厚草板纸，盒盖镶上玻璃。标本盒通常长32 cm，宽22 cm，高2~3cm。盒内垫放脱脂棉，将制备好的标本，按预计布局一一就位，并在各虫态及被害寄主下分别用小标签注明，然后再在棉层的右下方放一标本签，盖上玻璃面盒盖，用大头针在标本盒的侧边固定。为了防虫损坏标本，可在盒底放适量樟脑粉（块）。

2.4.6 成虫剖腹干制法

有些腹部比较粗大的成虫如蝗虫、螽斯等，欲进行干制标本，需将其内脏及脂肪等清除干净，填充脱脂棉，才能长期保存。操作方法如下。

① 将已致死的虫体用小解剖剪从腹面中央第2至5节，剪一开口。

② 用镊子把胸腔、腹腔的内脏和脂肪等内含物全部清除，再用脱脂棉把胸腔和腹腔的内壁擦拭干净。

③ 将脱脂棉撕成若干小块，用小镊子夹起小块脱脂棉沾上些樟脑粉，一块一块向胸、腹腔内填入，直到填满体腔，恢复原来虫态为止。

④ 把开缝处的棉纤维用镊子掖平掖好，再把开缝两侧的虫体表皮拉回原位展平吻合开口。随着干燥，表皮会逐渐回抱，无须用线缝合开口，便可自然吻合。

⑤ 把虫体用昆虫针按规定针位插针固定在展姿板（厚纸板或聚丙乙烯板）上，整理虫姿。

⑥ 用大头针先固定三足，一般是前足向前伸，中足中立、后足向后伸，摆出前足冲、中足撑、后足蹬的姿势，显示出跃跃欲跳的神气，然后仍用大头针把触角向两侧展开，连用整姿板平放干燥。

⑦ 标本干妥后，撤去固定姿势的大头针，用三级台固定虫位，加插标签，即可长期保存。

2.4.7 微小型昆虫标本制作法

一般微小型昆虫如跳甲、跳蝉、飞虱等不能直接插针，需用微虫针穿刺（又称“二重针刺法”）或用胶液粘在小三角纸卡上，然后用昆虫针间接固定。

① 虫针刺法　微虫针针体细而短，尖端锐利，无针帽，适用于微小而坚硬的小昆虫。用小镊子夹起虫体，按规定针位用微虫针垂直刺穿，并把标本插在小软木块上。然后再用昆虫针插小木块。用三级台固定虫位，加插标签，标本和标签均位于昆虫针的左边。

② 三角纸卡胶粘法　把普通卡纸剪成底边长0.4 cm、高1 cm的微型三角卡，用昆虫针针尖沾一点乳胶，轻轻点在三角卡尖端上，然后用针尖把虫体粘起，放在点有胶液的三角卡尖端，并迅速向后撤针，以免把虫带起（这一操作非常关键，针尖上胶液不能过多，技术熟练才能操作成功）。粘好的标本如需调姿，可用昆虫针尖拨挑。最后在三角卡的宽端穿插昆虫针，用三级台固定虫位，加插标签，即可放入标本盒（柜）内保存。

2.4.8 昆虫标本还软法

采回的标本如不及时制作，躯体就会干燥，昆虫的四肢、关节、翅基僵硬变脆，直接制作标本会使虫体受损，需要软化处理才能制作。较稳妥的方法是把标本放入还软缸内，放置一定时间，待躯体、翅基等部位软化后，再按新鲜标本的制作方法进行加工。

还软缸和干燥缸一样，只是缸底放入干净湿沙，为防止标本发霉，可在湿沙或清水中加入适量的苯酚（石炭酸）。在缸内中间隔板上方，把欲还软的标本连同纸袋一起放入，盖严盖子。由于缸内湿度较大，逐渐润及标本，使昆虫躯体、关节、翅基等关键部位得以软化。实践表明，干燥多年的标本，夏季在常温下一般放置 2～3 d即可还软。

放入还软缸内的昆虫标本，由于虫体大小、质地及干燥程度不一，还软所需的时间也有不同，因此，标本放进缸内后经常检查，检查时可用小镊子轻轻触动虫体的各关键部位，如果发现已经适当软化，应立即取出，以免软化时间过长，整个标本变得过度湿软而无法使用。还要注意缸内标本切勿触及湿沙、浮水。

如果存放在标本盒（柜）内的插针标本因日久而虫姿变形，也可把它们放到还软缸内，待软化后再重新调姿。

2.5 昆虫标本的保存方法

2.5.1 保存的设备

标本盒：存放昆虫成虫的标本盒用玻璃木盒，周围裱漆布，盒底衬软木或泡沫塑料，盒内一角放一樟脑块，周围斜插虫针使其固定。

标本厨：木制，两截对开门式，抽屉底部可贮大量熏蒸杀虫剂或除湿剂。

保存所用药品：生石灰、樟脑块、乙醇、苯酚、敌敌畏、二甲苯等。

2.5.2 保存注意事项

防潮防霉：在标本盒或橱内放除湿剂或室内装抽湿机，若标本已经发霉，可用无水乙醇与石炭酸混合液（体积比7∶3）以软毛笔刷洗，也可直接用无水乙醇刷洗。

防鼠、防虫：防鼠比较容易，防虫则要注意标本盒盖严密，盒内随时保持驱虫剂或杀虫剂浓烈的气味。若有已生虫的标本，则用药棉浸敌敌畏原液，置于标本盒内，盖上盒盖，熏蒸几天，可杀死蛀虫。

防尘、防阳光：盒子少开，密闭，灰尘落入自然少；门窗少开，窗上加帘子，防止阳光直接照在标本上，可延长因日照褪色的时间。为了保护标本免受损坏，最好经常检查，并每年用药剂熏蒸1~2次。

3. 西双版纳地区的昆虫资源

3.1 西双版纳自然地理概况

西双版纳傣族自治州位于云南省的最南端，地理范围为北纬21°10’—22°40’、东经99°55’—101°50’，面积为19096.6 km²。其东北部、西北部与普洱市接壤，东南部与老挝相连，西南部与缅甸接壤，国境线长966.3 km。西双版纳州内地势起伏较大，最高点位于勐海县勐宋乡的滑竹梁子，海拔2429 m；最低点是澜沧江与南腊河的交汇处，海拔仅477 m，海拔高差近2000 m。被誉为“东方多瑙河”的澜沧江从西北向东南纵贯西双版纳，出境后称湄公河，流经老挝、缅甸、泰国、柬埔寨、越南5国后汇入太平洋。

西双版纳因地处北回归线以南热带北部边缘地区，气候特征以热带、南亚热带湿润气候为主，四季不分明、年温差小、日温差大，气候垂直变化显著，南亚季风气候色彩浓厚。太阳入射角度高，辐射强、气温高，受副热带高压和东北信风控制，终年温暖，阳光充足、热量丰富、湿润多雨，具有“长夏无冬”的特点。低海拔地区为热带季风气候，山区为亚热带季风性湿润气候。每年4—10月平均气温在22 ℃以上，11月至次年3月平均气温为12℃~13℃。年平均气温为18℃~20℃，极端最高温达41℃，极端最低温-4.5℃，年温差为10℃左右，但日温差竟达18℃左右，且地区间差异较大。全年日照时数1700~2300 h，全州年辐射总量平均值达130.7kcal/cm²。一年只分为两季：雨季和旱季。雨季约5个月（5月下旬至10月中旬），旱季则长达7个月之久（10月下旬至次年5月中旬），年降水量在1200 mm以上，雨季降水量占全年总降水量的80%以上；年平均相对湿度为82%~85%。

3.2 西双版纳的生物多样性

云南素有“植物王国”和“动物王国”之称，而西双版纳则被誉为“动植物王国皇冠上的绿宝石”和“天然物种基因库”，生物多样性极为丰富。

3.2.1 植被多样性

西双版纳分布有9个植被类型（含1个人工植被类型）、14个植被亚型，其地带性植被为热带雨林和季雨林。海拔800 m（1100 m）以下，为热带季节雨林、热带季雨林和热带山地雨林；海拔1000~1600 m，为季风常绿阔叶林和暖性针叶林；海拔1600~1900m，为落叶阔叶林以及季风常绿阔叶林；海拔1900 m以上，为苔藓常绿阔叶林。

3.2.2 植物多样性

西双版纳有高等植物282科、1697属，4669种、亚种和变种，占全国的1/6，占云南省的1/3，其中有340种以上属于珍贵、稀有、孑遗种类、栽培植物的原始类型和野生亲缘种属，国家Ⅰ级重点保护植物5种，国家Ⅱ级重点保护植物34种，云南省重点保护植物名录的58种。

3.2.3 动物多样性

迄今为止，已经记录到西双版纳地区有陆生脊椎动物718种，约占全国脊椎动物种数的1/5，占云南省种数的1/3，其中哺乳动物130种、鸟类456种、两栖动物53种、爬行动物79种。另外，记录有鱼类100种、昆虫1437种。列入国家重点保护野生动物的有114种，其中亚洲象、白颊长臂猿、印支虎和鼷鹿等国家Ⅰ级重点保护动物24种，国家Ⅱ级重点保护动物90种。

3.3 西双版纳昆虫调查与研究简史

西双版纳地区是云南省昆虫种类极为丰富，也是我国昆虫种类最多的地区之一。1978—1981年，云南省林业厅森林病虫普查办公室对西双版纳森林昆虫进行普查；1983年，云南省林业厅组织对西双版纳自然保护区进行第一次大规模科学考察，采集昆虫标本1万余件，分属15目；1990—2000年，西双版纳国家级自然保护区与世界自然基金会（WWF）合作对本地区的蝶类资源进行了近10年的连续调查，获标本近10万余件，编出西双版纳州蝶类名录（陈明勇，2002），计164属、382种和亚种，其中新纪录134种和亚种；2000年，中国科学院昆明动物研究所对景洪、勐海、勐腊的自然保护区拟扩建区域进行综合考察，共采集昆虫标本1900余件，分属12目，得出西双版纳自然保护区的主要昆虫有1100余种，隶属61科、665属。历次的考察与调查，都对西双版纳国家级自然保护区内昆虫群落的区系成分组成、分布特点及经济昆虫的保护与利用前景，进行了研究探讨。

3.4 西双版纳昆虫区系特征

从动物地理看，西双版纳的昆虫区系属东洋区、热带雨林季雨林亚区、西双版纳小区。但由于环境条件特殊，不仅森林植物保留有少量的北方种类，且在昆虫区系组成上也有一定比例的古北种保存下来。本区的昆虫区系主要由东洋区种、古北种、广布种和地方特有种4种成分组成。西双版纳的昆虫以鳞翅目占绝对优势，占35科、351属、614种，约占56%；其次为鞘翅目，占22科、280属、470种。大多数为东洋区种，占83.5%，其次为广布种和地方特有种，再次为古北种。以鳞翅目为例，东洋区种占83.5%。再从不同科的区属来看，东洋区种中凤蝶科、斑蝶科、蚬蝶科占88.3%；粉蝶科和眼蝶科占69.6%；环蝶科和灰蝶科占95%以上；蛱蝶科和弄蝶科占89.7%；灯蛾科占83%；夜蛾科占71.9%；舟蛾科占81.8%。古北种中粉蝶科、眼蝶科占6%；蛱蝶科、弄蝶科占5.2%；灯蛾科占6%；凤蝶科、斑蝶科、蚬蝶科、环蝶科、喙蝶科古北区种均无分布。广布种中凤蝶科和斑蝶科占5%；粉蝶科和眼蝶科占15.9%；蛱蝶科和弄蝶科占5.1%；灯蛾科占11%。地方特有种中凤蝶科和斑蝶科占6.7%；粉蝶科和眼蝶科占11.5%。鞘翅目中天牛科东洋区种占95.2%，可见西双版纳的昆虫构成是以东洋区区系成分为主体。

3.5 不同生境中昆虫的分布特点

由于气候、植被类型的差异，昆虫的种群也有所不同。现以植被类型，结合海拔、气候等生态条件及昆虫群落将西双版纳地区划分为3个垂直带谱。

3.5.1 热带雨林、季雨林带

热带雨林和热带季雨林，是西双版纳地区森林植被的标志性类型，两者呈交错分布。在海拔1100 m以下的地区，植被类型可分为以望天树（*Parasharea chinensis*）、广西青梅（原名版纳青梅）（*Vatica guangxiensis*）为代表的热带季节雨林，以及山地雨林、石灰山季雨林、落叶季雨林、半常绿季雨林等。由龙脑香科（Dipterocarpaceae）、肉豆蔻科（Myristicaceae）、隐翼科（Crypteroniaceae）、四数木科（Tetramelaceae）、藤黄科（Clusiaceae）、番荔枝科（Annonaceae）、山榄科（Sapotaceae）、天料木科（Samydaceae）、使君子科（Combretaceae）、玉蕊科（Lecythidaceae）、橄榄科（Burseraceae）、楝科（Meliaceae）、紫葳科（Bignoniaceae）、木棉科（Bombacaceae）等科的树种组成。这一地段生态环境复杂，气温高，植物遭受人为破坏较少，保存较好，因而昆虫种类数量极为丰富，昆虫区系具有浓厚的热带成分，保存有较原始的种类。本带昆虫种类最多，是东洋区系在我国分布的典型地区。有很多本带特有的种类（以鳞翅目为例）：一点顶夜蛾（*Callyna monoleuca*）、人心果夜蛾（*Achaea serva*）、佩夜蛾（*Oxyodes scrobiculata*）、四星亭夜蛾（*Tinolius quadrimaculatus*）、蟠夜蛾（*Pandesma quenavadi*）、姊两色夜蛾（*Dichromia quadralis*）、南夜蛾（*Ericeia inangulata*）、巨网灯蛾（*Macrbrochis gigas*）、色纹丽灯蛾（*Callimorpha plagiata*）、孔灯蛾（*Baroa punctivaga*）、剑心银斑舟蛾（*Tarsolepis sommeri*）、窄带重舟蛾（*Baradesa omissa*）、金纹玫舟蛾（*Rosama auritracta*）、一点燕蛾（*Micronia aculeata*）、窄翅舟蛾（*Niganda strigifascia*）、迁粉蝶（*Catopsilia pomona*）等。

本带中白蚁种类丰富，从地表可看到白蚁所营造的冢状、塔状的土垅甚为突出，优势的种类有土垅大白蚁（*Macrotermes annandalei*）、黑翅土白蚁（*Odontotermes formosanus*）、黄球白蚁（*Globitermes sulphureus*）、黄翅大白蚁（*M. barneyi*）、花胸散白蚁（*Reticulitermes fukienensis*）、钳白蚁（*Termes marjoriae*）、吕宋须白蚁（*Hospitalitermes luzonensis*）。

本带的蛀干害虫也较多，而且多为害活立木，优势的种类有窝背材小蠹（*Xyleborus armiger*）、对粒材小蠹（*X. perforans*）、樟扁天牛（*Eurypoda batesi*）；特有种类有紫胸厚天牛（*Pachyteria violaceothoracica*）、白斑吉丁天牛（*Niphona falaizei*）、光背吉天牛（*N. longisignata*）、单带豚象天牛（*Choeromorpha subfasciata*）、红褐唇瓢虫（*Chilocorus politus*）等。

3.5.2 季风常绿阔叶林、落叶阔叶林带

本带海拔一般在1100~1800 m，≥10℃的积温为5000℃~6500℃，年平均气温为16℃~18℃，温度比热带雨林和热带季雨林都低，树种组成以壳斗科为主，主要树种有华南石栎、刺栲、毛叶青冈、湄公栲、截头石栎、楠木、红木荷、山桂花、旱冬瓜、华南石栎、木姜子、麻栎等。本带代表的种类有：卫星夜蛾（*Perigea stellata*）、乌桕大蚕蛾（*Attacus atlas*）、冬青大蚕蛾（*A. edwardsi*）、栎鹰翅天蛾（*Oxyambulyx liturata*）、花蝶灯蛾（*Nyctemera varians*）、孔灯蛾（*Baroa punctivaga*）、黄闪拟灯蛾（*Neochera inops*）、华舟蛾（*Spatalia argentata*）。

白蚁类主要属于半地栖性与木栖性的种类，花胸散白蚁、黄胸散白蚁、黑翅土白蚁、云南土白蚁（*Odontotermes yunnanensis*）较为优势，地表土垅也常见。白蚁以泥被、泥线包被活立木的树干，啃食树皮，以麻栎、木荷、野柿、杯状栲、算盘子、黄杞等树种受害较重。

蛀干害虫中主要的种类有：麻栎球小蠹（*Sphaerotrypes imitans*）、云南球小蠹（*S. yunnanensis*）、鳞肤小蠹（*Phloeosinus camphoratus*）、苹根土天牛（*Dorysthenes hugelii*）、毛角薄翅天牛（*Megopis marginalis*）、栎凿点天牛（*Stromatium longicorne*）、褐瘤筒天牛（*Linda testacea*）、桑黄米萤叶甲（*Mimastra cyanura*）等。

3.5.3 思茅松林带

分布在海拔1100~1800 m的地区，有思茅松为主的纯林或松栎混交林。湿度较阔叶林低，郁闭度一般不大，林内光照强，人为活动频繁，林内卫生状况较差。本带的代表种类有云南松毛虫（*Dendrolimus houi*）、思茅松毛虫（*D. kikuchii*），这两种松毛虫对思茅松的危害性很大，猖獗时能将全部针叶食光。

林内蛀干害虫的危害也较严重，主要的种类有：六齿小蠹（*Ips acuminatus*）、云南松四眼小蠹（*Polygraphus yunnanicus*）、十二齿小蠹（*I. sexdentatus*）、额毛小蠹（*Dryocoetes luteus*）、光滑材小蠹（*Xyleborus germanus*）、松瘤小蠹（*Orthotomicus erosus*）、黑翅土白蚁（*Odontotermes formosanus*）等。白蚁类亦较丰富，林内的倒木、伐桩从表面看尚好，但实际多已被蛀食一空。白蚁种类以黑翅土白蚁与长头白蚁为最优势。

3.6 西双版纳昆虫资源的特点

3.6.1 森林昆虫种类繁多

西双版纳自然保护区森林昆虫的种类具有极高的观赏价值和利用价值，除了严重危害林木的害虫云南松毛虫、思茅松毛虫外，还有不少种类是很好的害虫天敌，这些类群在保护区内极为丰富。

本区由于地处热带、亚热带，气候炎热，一年四季食物充足，很多昆虫没有冬眠的现象，生活期长，因此繁衍世代多，如迁粉蝶（*Catopsilia pomona*）每年发生10多代，一年四季都见到其成虫飞舞。

3.6.2 原始类群多

西双版纳不仅特有成分丰富，同时有较多的原始类群。如古老的热带性白蚁种属组成最为丰富，可以见到冢状、塔状或不规则的山峰状等白蚁所营造的土垅（名白蚁冢），有的高达2.6 m、底径3.4 m。新营造的白蚁冢为红色，无地被物，非常醒目。旧的白蚁冢，生长有杂灌木及禾本科草类。在树干的基部，可见到白蚁营造的泥被、泥套，有的高达3m，成为该地区特有的自然景观。叶甲中最为原始的类群，如黑跗距甲（*Poecilomorpha mouhoti*）、蓝缝茎甲（*Sagra mouhoti*），一般幼虫寄居于植物茎干内蛀食，后者在寄主茎干中形成虫瘿。铁甲中最原始的如断脊潜甲（*Anisodera fraterna*）、皱腹潜甲（*Anisoderini rugulosa*），在我国仅分布于云南，皱腹潜甲为西双版纳的特有种。

3.6.3 体型大、色泽鲜艳的种类较多

西双版纳地区大型昆虫的数量之多，形态之特殊是其他地域罕见的。如金裳凤蝶（*Troides aeacus*），翅展达170 mm，是我国蝶类中最大的种类；其他多种美丽的凤蝶、蛱蝶、环蝶、斑蝶、粉蝶等科具有极高的观赏性，在本地均有分布。蛾类中乌桕大蚕蛾翅展可达180~200 mm，而冬青大蚕蛾翅展200~250 mm，是我国蛾类中翅展最大的种类。由此可看出，我国体型最大的蝴蝶与蛾类在西双版纳地区均有分布。夜蛾科中的大型而色彩鲜艳的种类，如落叶夜蛾（*Ophideres fullonica*）、艳叶夜蛾（*Eudocima salaminia*）、枯叶夜蛾（*Adris tyrannus*）也有分布。云南松毛虫雌虫翅展94~130 mm，金绿吉丁（*Sternocera aequisignata*）成虫体长超过37 mm，紫斑金杏丁（*Catoxanfha buqueti*）体长为38~45 mm，在西双版纳也较为常见。此外，在其他类群中较大型、色彩鲜艳的种类也不少。丰富多样的蝴蝶爱采花吸蜜，在山花烂漫的地方，蝴蝶也最多，它们成群地活动地飞翔、取食、求偶、产卵，增添了大自然的美感。

3.6.4 稀有种、特有种多

本区的昆虫不但种类丰富，而且珍稀种类分布较多，如沟胫天牛亚科（Lamiinae）的长毛天牛属（*Arctolamia villosa*），我国已知只有6种，而西双版纳地区分布的就有3种，即长毛天牛（*A. villosa*）、黄斑长毛天牛（*A. luteomaculata*）和双带长毛天牛（*A. fasciata*）。

3.7 西双版纳昆虫资源的保护利用与管理

3.7.1 昆虫资源的利用

西双版纳昆虫资源作为我国乃至世界上自然界重要的生物资源，对其认识与开发尚不充分。本地区昆虫资源具有其他地区无可比拟的特性，昆虫种类繁多是已知和现存生物种类中最大的类群。根据对昆虫资源的利用方式将本地区昆虫做如下划分。

（1）食用昆虫

西双版纳傣族盛行以昆虫为食的习俗，如黄猄蚁及卵（酸蚂蚁）、大蛐蛐（大蟋蟀）、蝉、竹虫、屎克螂、田鳖、蜂类幼虫、天牛、中华稻蝗、蝽蟓等。有的种群数量较多，很易捕捉，均可制成佳肴。在勐海县的许多地方有长期养殖蜜蜂的养蜂场，如蜂乳、蜂王浆等蜜蜂系列保健产品是常见的营养补剂。这些昆虫食品富含蛋白质和氨基酸，很有研究、保护与开发前景。

（2）药用昆虫

有些昆虫既是食品又是滋补良药，如蚂蚁具有抗风湿、抗炎、抗癌、护肝、平喘等药理作用；蝉蜕可散风、宣肺、解热定惊；地鳖虫可活血化淤；丽蝇蛆可去腐愈创，蜜蜂产品具有溶血抗菌、抗辐射和增强免疫机能的功效，白蜡虫可愈伤止血，蜜蜂、蟋蟀都是药用昆虫，芫菁、蚂蚁和眼蝶的幼虫体内含有抗癌活性物质。本地区民间也有使用药用昆虫的习惯和经验，但尚未进行系统的调查和整理。因此药用昆虫资源的进一步研究发掘，应列为本地区今后发展的课题。

（3）观赏昆虫

西双版纳可供观赏的昆虫种类极为丰富，有美丽多姿的蝶、蛾类、金龟、天牛、瓢虫、象鼻虫，也有体型奇特的竹节虫等。1990年，西双版纳就创办了我国大陆第一个蝴蝶养殖场，是我国大陆最早开展蝴蝶养殖的地区之一，生产的蝴蝶和蝶翅制作的工艺品具有很高的观赏价值。如金裳凤蝶（*Troides aeacus*）、巴黎翠凤蝶（*Papilio paris*）、丽蛱蝶（*Parthenos syvia*）、枯叶蛱蝶（*Kallima inachus*）、白带锯蛱蝶（*Cethosia cyane*）、红锯蛱蝶（*C. biblis*）等，不仅观赏性高，而且堪称“大自然的舞姬”。它们与本奇花异草、山水风光相映成趣，构成绚丽多彩的自然景观。

（4）天敌昆虫

据不完全统计，西双版纳的天敌昆虫有7目、18科、145属、224种，分属于蜻蜓目、半翅目、鞘翅目、脉翅目、双翅目、膜翅目等。重要的捕食性种类有红蜻、锤胫猎蝽、版纳鳞蛉、刻点小食蚜蝇、红褐唇瓢虫等。寄生性种类亦相当丰富，主要有广大腿小蜂、蜡蚧斑翅蚜小蜂、长柄依姬蜂、松毛虫卵白角金小蜂等。这些天敌昆虫的大量存在，对维持本林区生物群落的稳定性和有效地控制森林害虫的暴发，无疑起重要作用。

3.7.2 昆虫资源管理

资源昆虫是指直接或间接可被人类利用的昆虫，也就是直接或间接有益于人类的昆虫。

（1）保护昆虫资源

西双版纳丰富多样的森林昆虫，既有优势的类群，也有特有、稀少、珍贵的种类。虽然按一般认识可分为害虫、益虫和资源昆虫。但是，害虫的概念也是相对的、可变的，当它损害树木或对人类有害时，才将其划分为害虫。当它为害程度很轻或没有造成损害时，实际上并不是害虫，而是食物链的组成部分，既可以作为寄生蜂、寄生蝇的贮存库，还可以用于科研、教学及观赏等用途。所以，对昆虫的保护应是居于首位的。

（2）加强科学研究

对西双版纳地区猖獗性的害虫，要通过虫情调查和预测预报，把防治工作做在害虫大发生之前。常年研究和培养局部地区猖獗性的害虫的天敌，进行生物防治，通过施放天敌，增加林中的天敌数量，有效地控制害虫的发生。以虫治虫、以菌治虫、以鸟治虫，是西双版纳有效的昆虫防治方法。如培养赤眼蜂、白僵菌等，可用于防治危害思茅松的云南松毛虫、思茅松毛虫，以及危害铁刀木的铁刀木粉蝶等。

（3）制作昆虫生活史标本

在开展科研活动的同时，可进行生产性的生活史标本制作，供科研、教学单位使用，既让昆虫资源为科研教学服务，又可增加当地村民的收益。但对采集昆虫的活动要制定切实可行的管理办法，严加控制。

（4）继续摸清西双版纳的昆虫区系，不断补充昆虫名录，建立技术档案

要建立主要树种的主要病虫害档案，并使之科学化、系统化。对珍稀及优势种群，应加以研究，观察其生活史、为害情况、发生发展规律，制定主要生命表。掌握森林生态系统内昆虫生态系统的平稳和变化状况，为昆虫保护和研究工作提供依据。

4. 西双版纳常见昆虫分述

联纹缅春蜓 *Burmagomphus vermicularis*

春蜓科 Gomphidae　缅春蜓属 *Burmagomphus*

识别特征：小型春蜓科物种。雄虫和雌虫具较长的黄色背条纹，上缘明显分歧，下端收敛。胸部侧面具“V”形的黄色宽条纹，由两条纹汇聚形成。雄虫肛附器短小，黑色；下肛附器叉状。雌虫肛附器黑色。雌虫与雄虫体斑相似但腹部的绿色或黄色条纹更加宽阔。

习性：雄虫栖息于水边的植物丛或水边暴露的石块上，腹部上翘成一定的角度。雌虫可在附近山地的灌木林和树林中找到。

豹纹副春蜓 *Paragomphus pardalinus*

春蜓科 Gomphidae　副春蜓属 *Paragomphus*

识别特征：中型春蜓科物种。具一对短而宽阔的黄色背条纹，下端收敛。领条纹黄色，中央间断，与背条纹垂直，通常以窄条纹相连。腿节黄色和黑色。第8~10腹节膨胀，下缘具较宽的凸起，第9腹节下缘的凸起大部分黄色。雄虫的上肛附器褐色、较长，末端显著向下弯曲，似虎爪。下肛附器短，向上弯曲。

习性：雄虫栖息于溪边的大石块和吊垂植物上，当阳光直射时会将腹部竖直翘起。雌虫在沙质或卵石的浅溪出现。

锥腹蜻 *Acisoma panorpoides*

蜻科 Libellulidae　锥腹蜻属 *Acisoma*

识别特征：小型而特殊的蜻科物种。雄虫复眼天蓝色，面部浅蓝色。胸部和腹部布满黑色和蓝灰色的斑点。第3~5腹节极为宽阔，而后几节明显向末端收窄。肛附器白色。雌虫复眼褐灰色，面部暗黄色。胸部背面和腹部布满黑色和淡褐色斑点。腹部形状与雄虫相似，但不如雄虫宽阔。未成熟雄虫与雌虫略相似。

习性：飞行能力较弱，很少在远离其繁殖地点出现。大量集中在杂草丛生的池塘和湿地周围，通常在地面附近停息。

纹蓝小蜻 *Diplacodes trivialis*

蜻科 Libellulidae　蓝小蜻属 *Diplacodes*

识别特征：小型蜻科物种。雄虫复眼和面部淡蓝色。胸部和腹部深蓝色。随成熟而渐渐覆盖粉霜。肛附器白色。翅透明。雌虫为黄色和黑色，复眼棕绿色，面部乳白色。未成熟雄虫沿腹部侧面有黄斑。

习性：栖息于地面或低层的植物上。常在距离水体相当远的地点被发现。

华丽灰蜻 *Orthetrum chrysis*

蜻科 Libellulidae　灰蜻属 *Orthetrum*

识别特征：中型蜻科物种。雄虫复眼灰绿色，面部鲜红色。胸部暗红棕色。腹部（包括肛附器）鲜红色，无黑色的背中线。翅基部茶褐色，几乎延伸至后翅三角室。翅痣黑褐色。雌虫暗红褐色。

习性：雄虫停息于悬垂的枝条上并奋力地护卫领地，对抗竞争的雄虫。雌虫以重复点水的方式将卵产于浅水处的泥沙中，而雄虫在旁边盘旋做非接触护卫飞行。

吕宋灰蜻 *Orthetrum luzonicum*

蜻科 Libellulidae　灰蜻属 *Orthetrum*

识别特征：中型蜻科物种。雄虫复眼宝石绿色，面部蓝白色。胸部和腹部覆盖淡灰蓝色粉霜。腹部较细，除了第 2、3 腹节背腹处明显宽阔，肛附器深蓝色。后翅基部无棕色斑。雌虫胸部淡绿褐色，腹部黄色和黑色（随成熟而覆盖粉霜），肛附器白色。未成熟雄虫与雌虫相似。

习性：雄虫停息在靠近地面或水面的草丛上，不远离繁殖地点。雌虫可在离沼泽或池塘较远处被发现。

赤褐灰蜻 *Orthetrum pruinosum*

蜻科 Libellulidae
灰蜻属 *Orthetrum*

识别特征：中型蜻科物种。雄虫复眼海绿色，面部发黑。胸部褐色，随成熟而覆盖蓝灰色粉霜。腹部（包括肛附器）桃红色，背中线无黑色条纹。翅基部茶褐色斑延伸至后翅三角室。翅痣黑褐色。雌虫暗黄褐色。

习性：雄虫常栖息于枝干、藤蔓以及水面或附近的植物上，不会远离繁殖地点。

线痣灰蜻 *Orthetrum lineostigma*

蜻科 Libellulidae
灰蜻属 *Orthetrum*

识别特征：中型蜻科物种。翅结位于前翅前缘中央之前。前翅前缘脉除围绕翅痣处黑色外，其余均为黄色，邻近的一些横脉也有黄色，小膜白色。雌虫和雄虫胸、腹背面颜色不同，胸部背面颜色深褐色，中部具浅色纵带，雄体腹部灰白色，雌体腹部黄色，两性翅末端一般有褐色斑。

习性：成虫发生期为6–9月，羽化后的个体飞到山林间单独活动，金秋时节才回到山区溪流附近繁殖。

异色灰蜻 *Orthetrum melania*

蜻科 Libellulidae
灰蜻属 *Orthetrum*

识别特征：雌雄异色，腹长32~35 mm，后翅42~45 mm，翅痣4 mm，前胸黑色，翅透明。翅痣黑色。翅基具黑褐色斑，前翅的很小，后翅的较大，略呈倒三角形。足黑色，具刺。雄体腹部第1~7节青灰色，第8、9节黑色。雌体合胸背面黄褐色，合胸脊黑色，侧面黄色，腹部黄色，第1~6节两侧具黑斑，第7、8节黑色。

习性：常栖息于旷野、池塘、河流等地。

黑尾灰蜻 *Orthetrum glaucum*

蜻科 Libellulidae　灰蜻属 *Orthetrum*

识别特征：腹长27~32 mm。雄虫胸部、腹部为粉状蓝灰色；腹部末端黑色；下翅基部具褐色斑。雌虫胸部黑褐色或褐色，具黄色条斑；腹部黑褐色或褐色。未成熟雄虫与雌虫相似。

习性：经常栖息于旷野、池塘、河流等地。

狭腹灰蜻 *Orthetrum sabina*

蜻科 Libellulidae
灰蜻属 *Orthetrum*

识别特征：腹长 31~36 mm，后翅 30~36 mm，翅痣 4 mm，头部青黄色，后头黑色，合胸黑色，具黄色环纹两条，背前方的两侧各具一条黄色纵条纹，合胸侧有 5 条黑线。脊和边缘黑色，翅透明，翅痣黄褐色。腹部底色黄绿，第 1、2 节膨大呈球状。第 3~5 节的两侧各有一对黄斑外，余皆黑色。第 7~10 腹节全部黑色，但第 10 节背面端部具有一个小黄斑。足黑色。

习性：山沟、水田、沼泽等处较为常见，飞行速度较快。

黄蜻 *Pantala fiavescens*

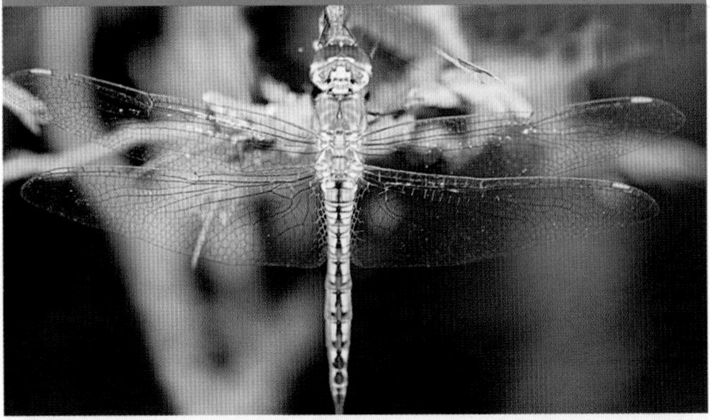

蜻科 Libellulidae　黄蜻属 *Pantala*

识别特征：腹长 27~32 mm，后翅 38~40 mm,翅痣 2.5~3 mm。头大，翅透明，后翅宽广。体黄褐色，腹部末端背侧有黑斑，翅痣黄色。雌雄色彩斑纹差异不大。

习性：1-2 年完成 1 代。成虫产卵于水草茎叶上，孵化后生活于水中。若（稚）虫以水中的蜉蝣生物及水生昆虫的幼龄虫体为食。成虫飞翔于空中，捕捉蚊、蝇等小型昆虫。

网脉蜻 *Neurothemis fulvia*

蜻科 Libellulidae　脉蜻属 *Neurothemis*

识别特征：腹长 19~23 mm，身体褐色，翅仅端部透明，翅痣赤黄色，翅脉密如网状。雄虫除端部的一个小区域外全部为红褐色。雌虫黄褐色。

习性：常见于池沼、湖泊等静水环境，也见于溪流附近草地。

红蜻 *Crocothemis servilia*

蜻科 Libellulidae

红蜻属 *Crocothemis*

识别特征：腹长 27~30 mm，后翅 35~37 mm，翅痣 5 mm，雌雄体异色。雄体合胸背前方红色，无斑纹。前后翅基部均呈橙色斑。腹部红色，无斑纹，翅透明。翅痣淡褐色。雌体上头顶褐色，合胸背前面褐色，合胸侧面淡褐色，翅基色斑黄色，腹背黄色。

习性：山沟、水田、沼泽等处较为常见。

六斑曲缘蜻 *Palpopleura sex-maculata*

蜻科 Libellulidae
曲缘蜻属 *Palpopleura*

识别特征：腹长 13~16 mm，后翅 18~20 mm。体黄黑色，雄虫腹部灰蓝色。雌体腹部暗黄色略扁宽，具 3 条黑色纵纹。老熟时第 4 腹节以后全部呈黑色。前、后翅金黄色，有褐色斑纹，前翅前缘呈波状弯曲。翅痣灰色，前缘黑色。

习性：一般见于林间空地，做短距离飞行。雄虫停栖在突出于水面的枝头和草端，通常距离地面或水面不足 30 cm。休息时将翅向前下方倾斜。

闪蓝宽腹蜻 *Lyriothemis pachygastra*

蜻科 Libellulidae
宽腹蜻属 *Lyriothemis*

识别特征：成虫腹长 20~23 mm，后翅长 24~26 mm，体粗短，腹部宽扁。上、下唇黄色。上额及头部蓝色具金属闪光。后头褐色。合胸背前面、侧面黄色。腹背上具 3 条黑色纵纹，两侧色黄，1~6 腹节背面附蓝色粉末。翅透明。翅基淡褐色，翅脉黑色，翅痣灰黑色。

习性：雄虫栖息于树林低层的树叶和树枝上，生长于杂草丛生的浅水潭。

湿地狭翅蜻 *Potamarcha congener*

蜻科 Libellulidae 狭翅蜻属 *Potamarcha*

识别特征：中型蜻科物种。雄虫复眼灰褐色，面部苍白。胸部和腹基部（第1~3腹节）具有灰蓝色粉霜。腹中部（第4~8腹节）黄色，背中线两侧具明显黑色条纹。第9、10腹节及肛附器黑色。翅透明。雌虫胸部棕色和黄色。胸部和腹部随成熟而略微覆盖粉霜。

习性：栖息在离地面相当高处，常离繁殖地有一段距离。

庆褐蜻 *Trithemis festiva*

蜻科 Libellulidae

褐蜻属 *Trithemis*

识别特征：小型至中型蜻科物种。雄虫复眼褐色，额金属蓝色。胸部和腹部基部（第1~3腹节）紫蓝色，腹部其余黑色；第4腹节背面紫蓝色，第5~7腹节具有一对黄色长形斑点。肛附器黑色。后翅基部染有黑褐色斑。雌虫复眼棕色，面部黄色，胸部黄色和褐色，腹部橙黄色和黑色。雌虫的前后翅基部染有琥珀色斑。

习性：雄虫以水平姿势栖息于溪流中间的石块、地面或水边低处的植物上，以低飞为主。

黄翅绿色蟌 *Mnais auripennis*

色蟌科 Calopterygidae　绿色蟌属 *Mnais*

识别特征：中型色蟌科物种。体褐绿色，翅黄色。额及头顶暗绿色，3 个单眼黄褐色。上额两侧与复眼内缘缝隙间具一条黄色小纵纹。前胸绿色，合胸背前面和侧面绿色，有金属光泽，其余部分均为黄色。腹部第 1、2 节背面绿色，具闪光。第 3、4 节背面暗绿色，第 5~10 节黑绿色。上肛附器黑色，端半部稍显膨大，并向中央弯曲，外侧具 3~5 个小齿。翅浅黄色，翅痣褐色，缘脉红褐色。

习性：主要栖息于低海拔地区的山间溪流，常集群活动。

烟翅绿色蟌 *Mnais mneme*

色蟌科 Calopterygidae　绿色蟌属 *Mnais*

识别特征：体型稍大的色蟌科物种。雄虫合胸大部分古铜色，第 3 侧缝后方的绿条纹略呈三角形，下方的黄色区域较狭小，翅痣较短，红褐色。橙翅型雄虫胸背前方及腹第 8~10 节具白色粉末，翅全部橙红色；透明型雄虫，身体不被粉且翅透明。

习性：栖息于山区溪流环境。

云南绿色蟌 *Mnais gregoryi*

色蟌科 Calopterygidae　绿色蟌属 *Mnais*

识别特征：体型稍大的色蟌科物种。雄虫合胸古铜色，合胸背前方和腹背具有白色粉末，翅面颜色按基部透明、中部黑褐色、翅中至翅端乳白色的顺序排列。

习性：生活于山区河流环境。

华艳色蟌 *Neurobasis chinensis*

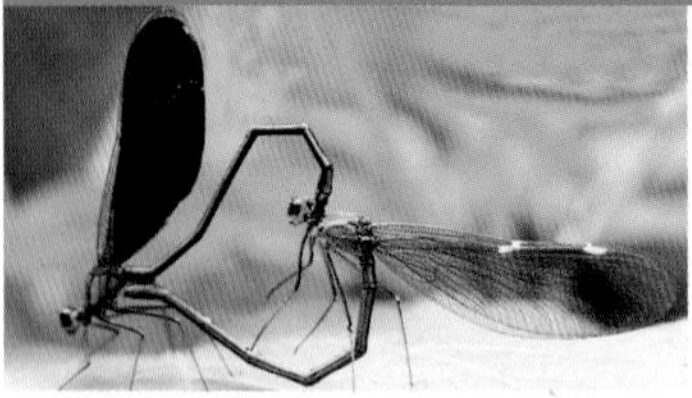

色蟌科 Calopterygidae

艳色蟌属 *Neurobasis*

识别特征：体型中等而极其艳丽的色蟌科物种。雄虫复眼深褐色和绿色，头部和胸部金属绿色。腹部也是鲜艳的金属绿色。前翅透明，主脉闪烁绿色光泽。后翅具亮金属绿色，翅端 1/5 处黑色。雌虫复眼巧克力棕色，腹部具光亮的褐色，翅染有暗褐色。每个翅近端部有白色的伪翅痣，在翅结处有白斑。

习性：雄虫在溪边确定领地，栖息在石块和低处的植物上。偶尔缓慢拍打展示亮绿色的翅。驱逐对手或求偶时，展示绚丽的飞行表演，在水面低飞滑行，后翅张开并不煽动。雌虫在水生植物上或潜水产卵，期间雄虫在旁护卫。

黄脊高曲隼蟌 *Aristocypha fenestrella*

鼻蟌科 Chlorocyphidae　鼻蟌属 *Aristocypha*

识别特征：体型中等的鼻蟌科物种。雄虫合胸黑色，背前方具一狭长的三角形蓝紫斑，侧面下方有黄色细纹，蟌翅柄附近至翅端区域呈黑褐色并具数个不规则紫色耀斑，翅痣也具紫色闪光，腹部黑色。

习性：栖息于山区洁净的溪流环境。

蓝脊圣鼻蟌 *Aristocypha aino*

鼻蟌科 Chlorocyphidae　鼻蟌属 *Aristocypha*

识别特征：体型中等的鼻蟌科物种。雄虫头部和腹部黑色。胸部主要为黑色，背面有 1 条明显的蓝色三角形斑，侧面下缘具有黄色窄条纹。翅在翅结以下为透明，翅结以上为黑色并具有彩虹色光泽，后翅具有紫色的窗形色斑。足黑色，胫节内缘白色。雌虫胸部和腹部亮黑褐色，具有黄色条纹。翅稍染褐色。老熟个体翅端白色。

习性：雄虫栖息在溪水中间的岩石上，常在几块岩石上来回移动，并驱逐邻近的雄虫。雌虫出现时，雄虫飞绕着雌虫做求偶舞蹈，并展示白色的胫节。

三斑阳鼻蟌 *Heliocypha perforate*

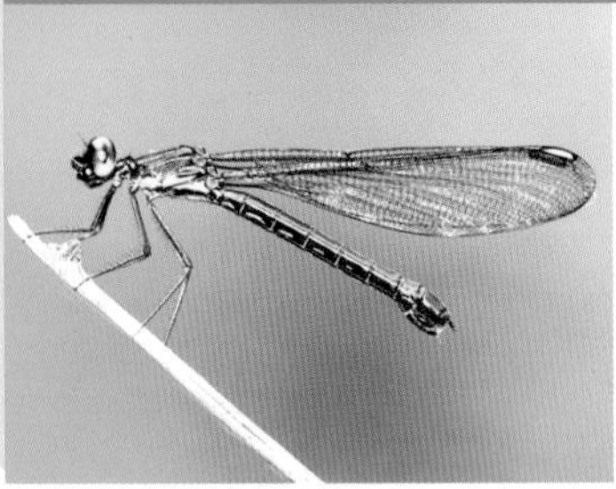

鼻蟌科 Chlorocyphidae
阳鼻蟌属 *Heliocypha*

识别特征：中等的鼻蟌科物种。雄虫头部、胸部和腹部主要为黑色。胸部具有明显的天蓝色条纹，在背面中央和胸背板具有较小的紫红色三角形斑。腹部侧面具有大的蓝色斑点。后翅端半部黑色，具有紫色窗形斑。足黑色，胫节内缘白色。雌虫胸部和腹部黑褐色，具有明显的黄色条纹，“鼻”上具有橙黄色条纹。翅稍染褐色。

习性：雄虫栖息在小石块、溪流旁的植物和树枝上，通常出现在有阳光的位置。当雌虫出现，雄虫飞至其旁，展示突出的具白色内缘的胫节，这种行为也出现在雄虫之间相互较量时。

黄翅溪蟌 *Euphaea decorata*

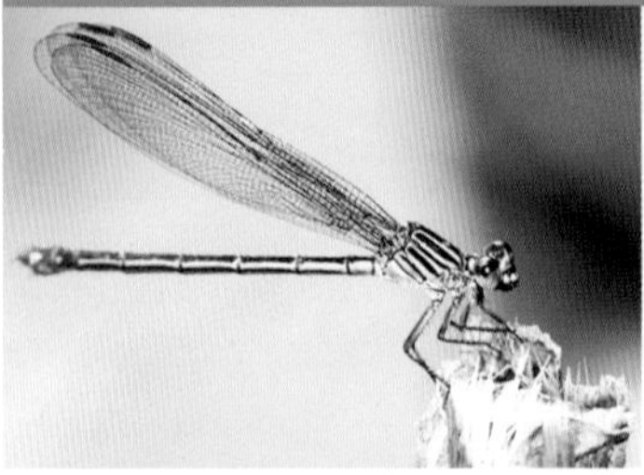

溪蟌科 Euphaeidae
溪蟌属 *Euphaea*

识别特征：中型的溪蟌科物种。雄虫体色大部分黑色，具红褐色条纹，合胸背前方的 2 条斑纹很细，侧面中部也有 2 条斑纹，后方 2 条斑纹上部连接。老熟个体侧面的斑纹不甚清晰。后翅中上部具 1 褐色宽横带。

习性：栖息于山区溪流环境。

宽带溪蟌 *Euphaea ornata*

溪蟌科 Euphaeidae　溪蟌属 *Euphaea*

识别特征：中型溪蟌科物种。雄虫头部、胸部和腹部主要为黑色。胸部具有淡橙色条纹。腹部基部（第 1~4 节）亮铜色，末端黑色。翅基部 1/3 处深栗色，中部 1/3 处深褐色，端部透明。后翅中部 1/3 处明显加宽。雌虫条纹与雄虫相似，翅透明，烟色。

习性：雄虫栖息在溪流旁的石块或植物上等待拦截雌虫。雌虫完全潜水产卵，在飞行时潜入水中并产卵于水下的朽木内。

褐翅暗溪蟌 *Pseudophaea opaca*

溪蟌科 Euphaeidae　溪蟌属 *Pseudophaea*

识别特征：中型溪蟌科物种。体黑色，雄虫四翅黑褐色，雌虫四翅透明。前胸黑色，合胸背前方黑色，无背条纹和肩前条纹。合胸侧面黑色，仅后胸前侧片的中央具一条黄色宽条纹。后胸后侧片的大部分黄色。腹部黑色，具横斑。肛附器黑色，翅痣黑色，足黑色。雌性体较粗壮，合胸背前方黄色条纹明显，背条纹和肩前条纹完全。合胸侧面黄色。

习性：栖息于山区溪流环境。

翠胸黄蟌 *Ceriagion auranticum*

蟌科 Coenagrionidae　黄蟌属 *Ceriagion*

识别特征：体型稍大的蟌科物种。雄虫复眼和胸部苹果绿色，面部和腹部橙色。胸部和腹部无斑纹。足淡绿橙色。雌虫体色相似，但腹部褐色，末端具黑斑。

习性：雄虫和雌虫以水平姿势栖息于灌木和较高的草丛上，为凶猛的捕食者，经常捕食与其个体等大的猎物，甚至其同类配偶。

赤异痣蟌 *Ischnura rofostigma*

蟌科 Coenagrionidae　痣蟌属 *Ischnura*

识别特征：中型蟌科物种。雌虫合胸黄绿具黑纹，腹部橙红色，第 7 节末端及第 8~10 节黑色，第 9 节背面有一块明亮的蓝斑。

习性：栖息于水塘、池沼等静水环境。

赤斑蟌 *Pseudagrion pruinosum*

蟌科 Coenagrionidae
斑蟌属 *Pseudagrion*

识别特征：体型稍大的蟌科斑蟌属物种。雄虫复眼红褐色，面部深橙红色。胸部背面暗黑色，侧面具淡蓝灰色粉霜。足黑色，亦具有粉霜。腹部亮黑色。成熟雄虫的腹部末端（8~10节）及肛附器具有淡蓝灰色粉霜。雌虫复眼绿色，胸部浅褐色，肩前条淡橄榄色。

习性：以水平姿势栖息于水面附近或悬垂的植物上。雌虫潜水将卵产于沉水植物中，雄虫接触护卫。

朱腹丽扇蟌 *Calicnemia eximia*

扇蟌科 Platycnemididae　丽扇蟌属 *Calicnemia*

识别特征：中型扇蟌科物种。雄虫复眼红色，眼后方具有黄色条纹。胸部具有宽阔的黄色或鲜红色肩前条。腹部为亮丽的朱红色，随成熟末端逐渐加深至褐色。足红褐色。雌虫更为粗壮，腹部暗赭色。

习性：以水平姿势栖息于水面附近的植物上。

黄狭扇蟌 *Copera marginipes*

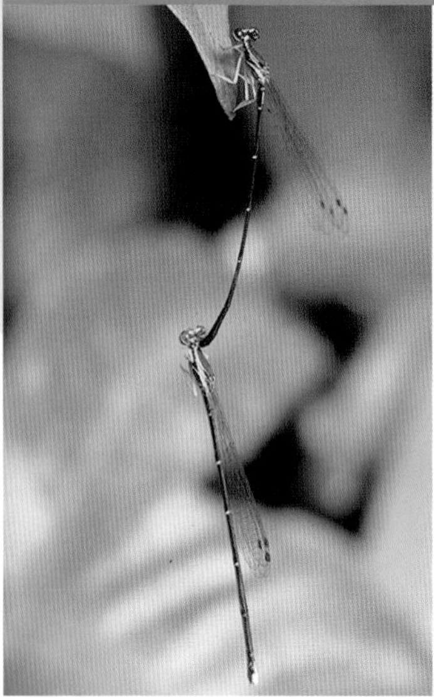

扇蟌科 Platycnemididae
狭扇蟌属 *Copera*

识别特征：中等大小的扇蟌科物种。雄虫复眼褐色，复眼中间具有淡黄色的横条纹，口器黄色，眼后方具有浅黄色斑。胸部黑色，具有鲜黄色的肩前条，侧面具有宽阔的黄色条纹。腹部第1~8节蓝黑色，末端（含肛附器）白色。足鲜黄色，胫节膨胀并具有长毛。雌虫与雄虫相似，但体色不鲜艳。未成熟雄虫胸部具有淡黄色条纹，腹部全部白色。

习性：通常以水平姿势栖息在树林低层植物的树叶上。

刀角瓢虫 *Serangium japonicum*

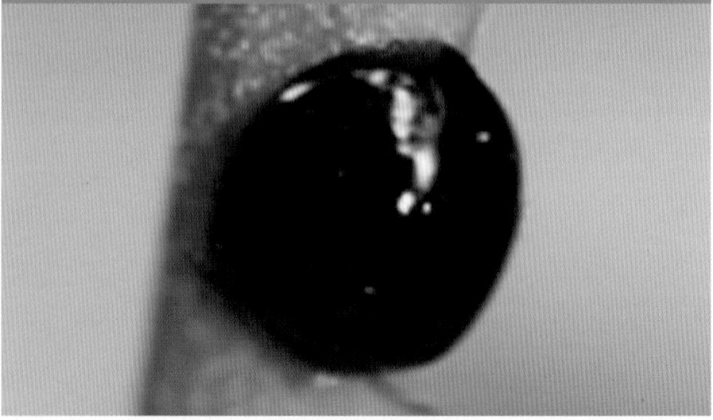

瓢虫科 Coccinellidae　刀角瓢虫属 *Serangium*

识别特征：虫体周缘短卵圆形，背面明显拱起，鞘翅外缘向外平展。背面有光泽，披稀疏的细毛。头棕红色，前胸背板黑棕色，其外角棕红色；小盾片及鞘翅黑棕色。腹面前胸背板缘折、鞘翅缘折、前胸腹板和腹部的外缘及后面部分棕红色；中、后胸腹板及腹基部的中央部分黑棕色。足棕红色，色泽的分界不明显。

习性：成虫可捕食粉虱、柑橘上的黑刺粉虱及其他粉虱，寄主为蜡蚧。

六斑月瓢虫 *Menochilus sexmaculatus*

瓢虫科 Coccinellidae　宽柄月瓢虫属 *Menochilus*

识别特征：体近圆形，背稍拱起，复眼黑色，唯雌虫黄色前缘中央有黑斑或黑色，复眼内侧有黄斑。上唇及口器为黄褐色至黑褐色，前胸背板黑色，唯前缘和前角及侧缘黄色，缘折大部分黑色。小盾片及鞘翅黑色，鞘翅共具4或6个黑色斑，斑缘多变。

习性：成虫取食多种蚜虫、粉虱和蚧虫。

十斑盘瓢虫 *Lemnia bissellata*

瓢虫科 Coccinellidae　盘瓢虫属 *Lemnia*

识别特征：体近圆形，呈半球形拱起。头部、复眼黑色，触角红褐色。前胸背板中线两侧具与基部相连的齿形斑，其基部与背板后缘连接，近侧缘后角处具小黑点，有时全部黑点汇成基部与后缘相接的大型波状斑纹。小盾片黑褐色。虫体基色为橙黄至橘红色。两鞘翅具黑色斑点10个。

习性：成虫捕食蚜虫、稻飞虱和三化螟等。

九斑盘瓢虫 *Lemnia duvauceli*

瓢虫科 Coccinellidae　盘瓢虫属 *Lemnia*

识别特征：体宽卵形，呈半球形拱起。头部、唇基褐色，复眼黑色。前胸背板棕褐色，中部有 2 个近四边形黑斑，与鞘翅后缘相连。小盾片及鞘翅棕褐色，两鞘翅共 9 个黑斑，其中两鞘翅的小盾斑相连成鞘缝斑，位于鞘翅基部的 1/3 处，其余各斑呈“1–2–1”排列。腹面除鞘翅缘折为黄褐色外，其余全为浅褐色，足浅褐色。

习性：主要捕食蚜虫。

红星盘瓢虫 *Phrynocaria congener*

瓢虫科 Coccinellidae　星盘瓢虫属 *Phrynocaria*

识别特征：虫体近圆形，呈半球形拱起。虫体基色为黑色。头部黑色（♀）或橙黄色（♂）。前胸背板黑色而带有橙黄色的前缘及侧缘（♀）或在两侧具橙黄色大斑，斑延伸达成两侧边缘（♂）。小盾片黑色，宽大，三角形，底边稍宽。鞘翅黑色，在外线及内线之间距鞘翅基部 1/3 处具一橙黄色至橘红色的近圆形斑。本种的鞘翅斑纹变异非常大，需要借助雄性生殖器进行准确鉴定。

习性：成虫捕食蚜虫和粉虱等。

七星瓢虫 *Soccinella septempunctata*

瓢虫科 Coccinellidae
瓢虫属 *Soccinella*

识别特征：体长5.2~6.5mm，头、复眼黑色，内侧凹入处各有1淡黄色斑点。触角褐色。口器黑色。上额外侧黄色。前胸背板黑色，前上角各有1个较大的近方形的淡黄斑。小盾片黑色。鞘翅红色或橙黄色，两侧共有7个黑斑；翅基部在小盾片两侧各有1个三角形白斑。体腹及足黑色。

习性：成虫可捕食麦蚜、棉蚜、槐蚜、桃蚜、介壳虫、壁虱等害虫。

大突肩瓢虫 *Synonycha grandis*

瓢虫科 Coccinellidae
突肩瓢虫属 *Synonycha*

识别特征：体长11~14mm，身体周缘近于圆形。头部黄色。前胸背板黄色，其中央有梯形大黑斑，基部与后缘相连，小盾片黑色，鞘翅黄色或棕红色，共有13个黑斑。

习性：成虫、幼虫均捕食甘蔗绵蚜。

锯叶裂臀瓢虫 *Henosepilachna pusillanima*

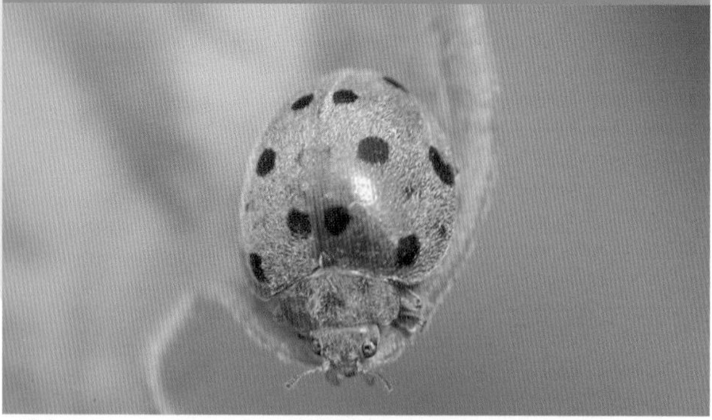

瓢虫科 Coccinellidae　裂臀瓢虫属 *Henosepilachna*

识别特征：虫体周缘近于卵形，背面拱起。鞘缝与鞘翅端角内缘成切线相连，不呈角状凸起。背面棕红色。前胸背板上无黑斑，或有 1~4 个黑色弱斑。每一鞘翅上有 6 个黑色基斑。一些个体除上述的 6 个基斑外还出现个别的变斑。

习性：寄主植物为茄木和龙葵。

茄二十八星瓢虫 *Henosepilachna vigintioctopunctata*

瓢虫科 Coccinellidae　裂臀瓢虫属 *Henosepilachna*

识别特征：虫体周缘近于心形或卵形，背面拱起。鞘翅端角与鞘缝的连合处呈明显的角状凸起。背面黄褐色。前胸背板上有 7 个黑色斑点，在浅色型中，斑点部分消失至全部消失；在深色型中，斑点扩大、连合以至前胸背板黑色而仅留浅色的前缘及外缘。每鞘翅上有 6 个基斑和 8 个变斑，在一些个体中变斑部分或全部消失而仅留 6 个基斑，或基斑扩大、连合而成各种斑纹。

习性：寄主为茄科和葫芦科植物，主要为害茄、野茄、龙葵，以及瓜类植物。

本天牛 *Bandar pascoei*

天牛科 Cerambycidae
本天牛属 *Bandar*

识别特征：体长40~70 mm。棕红色或棕褐色，头部、前足腿节及触角基部3节赤褐色或几近黑色；中、后足色泽稍淡，有时鞘翅色泽亦较淡，呈棕黄色。触角约为体长的3/4。前胸背板两边向前狭窄；边缘密具尖锐小锯齿，基缘两端亦偶有1~2锯齿。鞘翅有4条微弱纵脊，端缘圆形，缝角呈尖齿状。

习性：寄主植物为栓皮栎、栗、柿、沙梨、苹果、黄连木、杏、桃等。

刺楔天牛 *Thermistis croceocincta*

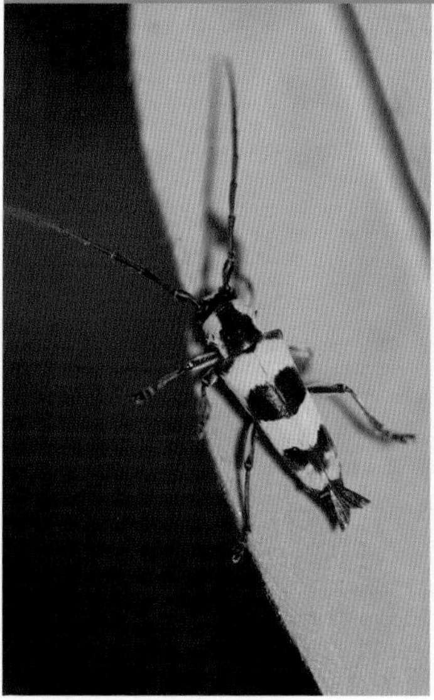

天牛科 Cerambycidae
楔天牛属 *Thermistis*

识别特征：体黑色，大部分密被黄色绒毛。头黑色。额区密被黄色绒毛。触角深黑色，各节基部和端部具白色绒毛细环。前胸背板中区具大型黑斑，一般基半部较大。小盾片黑色。鞘翅具3条黄色横带，分别位于基部小盾片之后、中部之后和翅端。足黑色，腿节常被黄色绒毛。触角长于体。雄虫略长于雌虫，第3节最长。鞘翅无纵脊，翅端微平截。

习性：幼虫为害山茶科的油茶等植物。

厚角丽天牛 *Rosalia pachycornis*

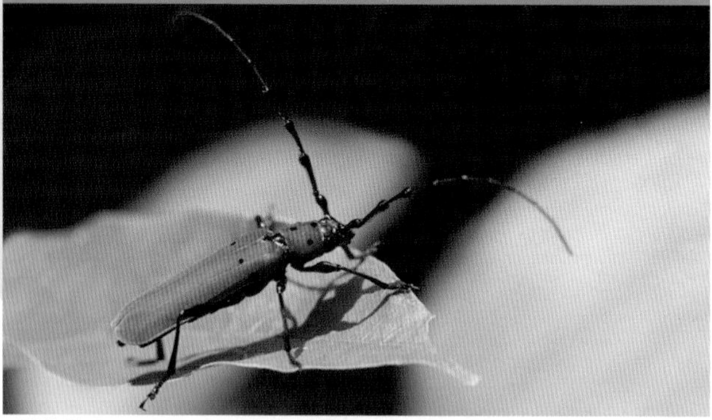

天牛科 Cerambycidae　丽天牛属 *Rosalia*

识别特征：体密被橙黄色或橘红色绒毛，具黑斑点。头、触角、小盾片及足黑色。前胸背板具 4 个圆形黑斑点，中央纵向 2 个，两侧各有 1 个小黑点。每个鞘翅有 3 个黑色圆点，纵向排成一排，分别位于基半部中央略靠前、中部和端半部中央略靠前。有时最后的黑点变小甚至消失。触角远长于体长。前胸略显圆形。鞘翅端部略膨大，末端圆形。

习性：活动于海拔 1600 m 左右的季风常绿阔叶林带。

羽角天牛 *Eucomatocera vittata*

天牛科 Cerambycidae　羽角天牛属 *Eucomatocera*

识别特征：体十分细长，黑色。头及前胸背板有 4 条灰黄色绒毛细纵纹，中央 2 条彼此接近。小盾片背灰黄色绒毛。每翅有 3 条灰黄色细纵纹。额梯形，上狭下宽。雄虫触角同体近于等长或略超出，雌虫触角则短于身体。柄节最长，较粗，圆柱形，第 3~6 节约等长，下沿有稀疏细长缨毛，以下各节渐短，第 7~9 节着生浓密羽毛状簇毛。鞘翅两侧平行，后端各翅收狭，端缘尖锐。足十分短。

习性：成虫常见于西双版纳低海拔地区夏季雨后的高草上。

皱胸粒肩天牛 *Apriona rugicollis*

天牛科 Cerambycidae　粒肩天牛属 *Apriona*

识别特征：体黑色，密被绒毛。背面青棕色，腹面棕黄色或青棕色。或背、腹部都呈棕黄色，深浅不一。鞘翅中缝及侧缘、端缘通常有一条青灰色狭边。雌虫触角比体长略长，雄虫触角超出体长 2~3 节，柄节端疤为开放式，从第 3 节起，各节基部约 1/3 为灰白色。鞘翅基部密布黑色光亮的瘤状颗粒，占全翅 1/4 ~1/3 的区域；翅端内、外端角均呈刺状凸起。

习性：寄主为苹果、梨、槟沙果、海棠、桑等。

石梓蓑天牛 *Xylorhiza adusta*

天牛科 Cerambycidae
蓑天牛属 *Xylorhiza*

识别特征：基底黑色至黑褐色，全身密布浓厚长绒毛。鞘翅绒毛浅黄色、金黄色、棕褐色及黑褐色，组成不同程度深浅色泽相间的细纵条纹，基部色泽较暗呈棕红色、黑褐色、略带丝光，翅后缘具长缨毛。头、胸绒毛黑褐色、棕红色具光泽，中央有 1 条浅黄色绒毛纵条纹，由额前缘至前胸背板后缘。雌、雄虫触角长短差异不大，均短于体长。

习性：寄主为马鞭草科石梓属的云南石梓等。

丽星天牛 *Anoplophora elegans*

天牛科 Cerambycidae　星天牛属 *Anoplophora*

识别特征：体黑色具光泽，头部及胸、腹部，背腹面具淡蓝色毛斑：前胸背板中央两侧各一大斑；小盾片全部淡蓝色；鞘翅具等距离5横列淡蓝色大斑。腹部末节背板全部为蓝色；腹部前足基节前方及外侧，中胸前侧片，后胸前侧片全部亦为蓝色，后胸腹板中央两侧各一大斑，其后缘斜向前方；腹部各节中央两侧各有1蓝色横斑。足腿、胫节大部及跗节背面均被淡天蓝色绒毛；触角第2~10节的基部和端部，第11节基部和端半部均密被淡蓝白色绒毛。触角基瘤突出，触角超过身体1/3。

习性：幼虫为害壳斗科栎类植物。

中华薄翅天牛 *Megopis sinica*

天牛科 Cerambycidae　薄翅天牛属 *Megopis*

识别特征：体长30~52 mm，体宽8.5~11 mm，体赤褐色，前胸背板两侧近前后各有一较短的黄色毛斑，前端两侧有边缘，表面有极细短毛。

习性：成虫出现于夏季，生活在低、中海拔山区。幼虫为害杨、柳、榆树等，会蛀食腐朽杉木。成虫夜晚具趋光性。

橘光绿天牛 *Helidonium argentatum*

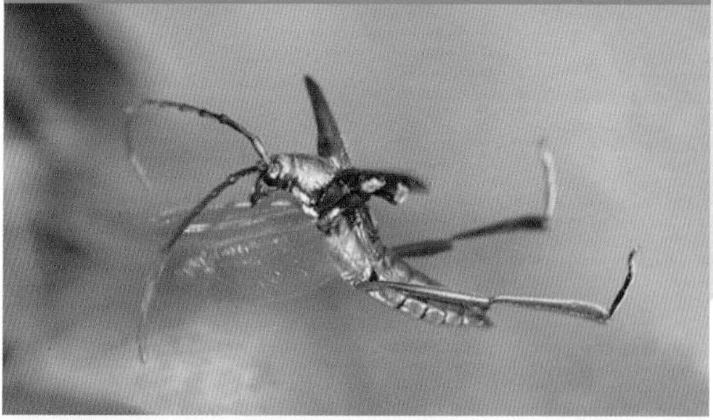

天牛科 Cerambycidae　绿天牛属 *Helidonium*

识别特征：体长24~27 mm，墨绿色，具光泽，腹面绿色，被银灰色绒毛。触角和足深蓝或墨紫色，跗节黑褐色。触角第5~10节外端有尖刺。前胸背板侧刺突短钝，胸面具细密皱纹和刻点，两侧刻点粗大，皱纹较稀。小盾片光滑，几无刻点。鞘翅密布细刻点，微显皱纹，雄足后足腿节略超过鞘翅末端。

习性：为九里香和柑橘类植物的害虫。

橙斑白条天牛 *Batocera davidis*

天牛科 Cerambycidae　白条天牛属 *Batocera*

识别特征：体长51~70 mm，黑褐至黑色，被灰色绒毛。触角第3节及其以后各节为棕红色。前胸背板中央有一对橙红色的肾形斑。鞘翅上有7~11个橙色斑，其中第4斑距离中缝最近。

习性：成虫于5–6月间飞出，经补充营养后在树干根颈部咬一扁圆形刻槽，产卵其中。幼虫在韧皮部蛀食，虫道不规则，并逐渐深入木质部为害。被害树木生长衰退，甚至枯死。

云斑天牛 *Batocera horsfields*

天牛科 Cerambycidae　白条天牛属 *Batocera*

识别特征：体长 57~97 mm，黑褐色，密布灰青色或黄色绒毛。前胸背板中央具肾状白色毛斑 1 对，横列，小盾片舌状、覆白色绒毛。鞘翅基部 1/4 处密布黑色颗粒，翅面上具不规则白色云状毛斑，略呈 2、3 纵行。体腹面两侧从复眼后到腹末具一条白色纵带。

习性：为害无花果、乌桕、柑橘、紫薇、羊蹄甲、泡桐、苦楝、青杠、核桃和板栗等。成虫为害新枝皮和嫩叶，幼虫蛀食枝干，造成花木生长势衰退、凋谢乃至死亡。

星天牛 *Anoplophora chinensis*

天牛科 Cerambycidae
星天牛属 *Anoplophora*

识别特征：体长 19~39 mm，漆黑有光泽。触角第 1、2 节黑色，其他各节基部 1/3 有淡蓝色毛环，其余部分黑色。雌虫触角超出身体 1、2 节，雄虫触角超出身体 4、5 节。前胸背板中瘤明显，两侧各具一尖锐的侧刺突。鞘翅基部有黑色小颗粒，每一鞘翅具有大小不一的白斑约 20 个，大致排成 5 横行。

习性：成虫出现于 5–7 月，生活在平地至中海拔山区。成虫夜晚偶有趋光性。幼虫为害柑橘、柳树等。

缝斑新楸甲 *Neolucanus parryi*

楸甲科 Lucanidae　新楸属 *Neolucanus*

识别特征：体表黑色，鞘翅土黄色或褐红色，具有前宽后狭三角形黑色缝斑。雄虫体上颚短小，顶端尖，内侧具有钝齿 2~3 个，头部前缘较直，复眼刺突后部较窄。雌虫上颚短宽，内侧齿不明显，复眼刺突后部较宽。

习性：分布于海拔 1600 m 以上的山区，夜间具趋光性。

褐黄前楸甲 *Prosopocoilus blanchardi*

楸甲科 Lucanidae　前锹属 *Prosopocoilus*

识别特征：体表土黄色或褐红色，头部、前胸背板、小盾片和鞘翅通常呈暗褐色，有时前胸背板后部两侧各有 1 个暗色圆斑。雄虫体型狭长，背面较平，头部短宽，头顶有 1 对角突，唇基前缘有 4 个小齿突。前胸背板长短于宽，两侧平行，遍布颗粒状刻点。小盾片较小。鞘翅表面稍光滑。足细长，前足胫节外缘具数枚小齿，端齿叉状。雄虫体型大小和上颚形状变化较大。雌虫体型较圆隆，上颚短小，足较短粗。

习性：白天常见于流汁的树上，成虫具有明显的趋光性。

齿瘦黑蜣 *Leptaulax dentatus*

黑蜣科 Passalidae
黑蜣属 *Leptaulax*

识别特征：黑色，光亮，背面相当平，两侧近平行。头部短宽，散布较大刻点，前缘有4个几乎等距等长横排在一条直线上的齿突。复眼突出，刺突较宽呈弧形；上颚外侧弧形，前端2齿状，上缘有1钝齿；触角棒部3节。前胸背板稍微短宽，近矩形，中央有1纵向深沟，两侧边缘密布粗大刻点。每翅具有10条纵向沟纹，足较短，前足胫节外缘呈锯齿状，跗节较细长，爪大强力弯曲，爪间突明显突出较多。

习性：分布于海拔1600 m以上的山区，成虫具趋光性。

竹直锥象 *Cyrtorachelus longimanus*

象虫科 Curculionidae
直锥象属 *Cyrtorachelus*

识别特征：体长18~35 mm，体菱形，红褐色至褐色，光滑，无鳞片。喙直，短于前胸，触角位于喙的基部，其棒节愈合成靴状。前胸盾形，基部和端部略呈黑色，小盾片黑色。鞘翅肩部较宽，向后缩窄，鞘翅基部、肩部、中缝和端部为黑色。

习性：幼虫为害禾本科竹类。

黄斑细颈象 *Cycnotrachelus flavotuberosus*

卷象科 Attelabidae　细颈象属 *Cycnotrachelus*

识别特征：体棕红色，头棕黑色，光滑。雄虫头部颈区细长，基部 1/2 呈细杆状，表面有横皱纹。近头部呈锥形，眼隆凸，触角着生于喙中部之前瘤突的两侧，柄节短棒状，索节 1 卵形，与索节 7 约等长。前胸背板长大于宽，由基部向端部呈锥形，端部呈球状膨大，有粗横皱纹。鞘翅有长形、椭圆形、圆形黄色隆起斑。腿节端部，胫节基部和端部黑褐色。胸部黑褐色。

习性：寄主为壳斗科的栎类植物。

双滴斑芫菁 *Mylabris bistillata*

芫菁科 Meloidae　芫菁属 *Mylabris*

识别特征：体黑色或蓝黑色，有光泽。头略呈方形，后角宽圆，刻点粗大，被较密的长竖毛。复眼大，肾形。触角达到或超过鞘翅肩部，1~7 节较光亮，末端 5 节膨大呈棒状，密被深褐色短卧毛。前胸长、宽略相等，与头等宽，盘区刻点密，被竖长毛。小盾片宽圆，密布细小刻点，鞘翅密布隆起的细皱纹和大刻点，每翅基部有 1 个基宽端尖形如水滴的黄斑或棕红斑，中部有 1 条曲折的黄色或红色宽横斑，在距翅端约 1/3 处还有 1 条黄色或红色波形横斑。

习性：成虫取食瓜类和豆类。

眼斑芫菁 *Mylabris cichorii*

芫菁科 Meloidae　芫菁属 *Mylabris*

识别特征：体长约18mm，鞘翅黑、黄两色相间，基部有一圆形黄色斑，两个黄色斑相对如眼状；在肩胛外侧还有一小黄斑；在中部之前和中部之后各有一条横贯左右翅的黄色宽横纹，翅的其余部分均为黑色。

习性：成虫取食瓜类、豆类、苹果、番茄、花生的花或叶。幼虫取食蝗卵。

毛胫豆芫菁 *Epicauta tibialis*

芫菁科 Meloidae　豆芫菁属 *Epicauta*

识别特征：体长13~26mm，黑色。头部复眼内侧瘤及唇基红色，鞘翅外缘及末端，中、后胸及腹部腹面，前、中足前侧都具有灰色毛。有些个体完全为黑色，仅前足腿节及胫节背面有灰色毛。

习性：常见于路边草丛中，以龙葵的叶为食。

紫茎甲 *Sagra femorata*

负泥虫科 Crioceridae
紫茎甲属 *Sagra*

识别特征：体紫红色，泛金红、青铜或红绿色光泽。背、腹部光滑，仅雄虫第1腹节中部有较密刻点及毛。雄虫触角超过体长1/2，雌虫较短，第1~5节近念珠状，第6~11节近于筒形。前胸背板长方形，前侧角突出。小盾片舌形。鞘翅肩胛隆突。前中足较短，后腿节发达。

习性：寄主为多种豆科植物及禾本科的甘蔗。幼虫在植株体内取食、生长，所在部位往往膨大形成虫瘿。成虫受到惊扰时会高举后腿。

金斑虎甲 *Cicindela aurulenta*

步甲科 Carabidae　虎甲属 *Cicmdela*

识别特征：体长约18mm，头胸大部分铜红色，部分蓝绿色，前胸长宽近于相等，两侧平行，鞘翅底和中缝铜红加绿色，每翅有3个大黄斑。

习性：栖息于溪流或湖泊附近的细沙地上，雨季也会到林中或田边。

毛颊斑虎甲 *Cosmodela setosomalaris*

步甲科 Carabidae
虎甲属 *Cicmdela*

识别特征：体长 14~18 mm。与金斑虎甲非常相似，但鞘翅第 3 对白斑呈横向的波纹状，并且多少分离成 2 个小斑。

习性：栖息于河岸地带，但有时也会在距离水边较远的地方被发现。

双叉犀金龟 *Allomyrina dichotoma*

犀金龟科 Dynastidae
犀金龟属 *Dynastes*

识别特征：体黑褐至深棕褐色，呈长椭圆形，背面十分隆拱，色彩滑亮。头部较小，触角 10 节。雄虫长 44~80 mm，头部上面有一强大双分叉角突，分叉部缓缓向体后方弯曲。前胸背板中央有 1 个短而强壮的分叉角突，呈燕尾状，角突端部指向前方，与头上的双叉角突相对。雌虫体型略小，头上粗糙，头胸上均无角突，额顶横列 3 个小立突，中间一个较高，两侧较低。前胸背板前部中央有 1 外“丁”字形凹沟，背面较为粗暗。

习性：幼虫栖息于腐殖土内。成虫具有趋光性。

橡胶木犀金龟 *Dynastes gideon*

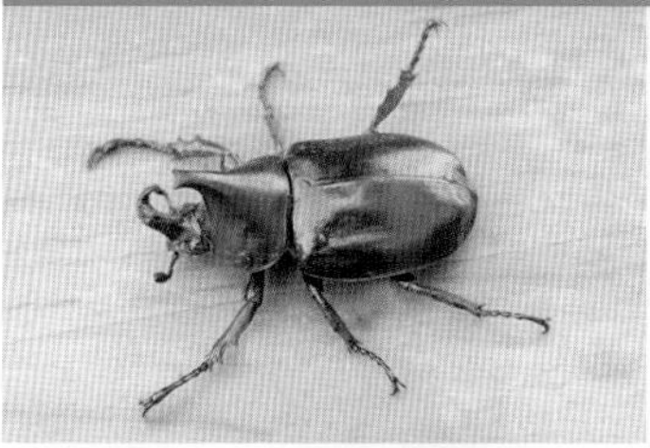

犀金龟科 Dynastidae
犀金龟属 *Dynastes*

识别特征：体黑或红褐色，有光泽。个体大小差异很大。上颚前端有明显齿形，雄虫头上及前胸背板有强大单分叉角突，发育最差的个体仅见角突痕迹。雌虫头上及前胸背板简单。中足、后足胫节外侧有刺4枚。

习性：寄主植物为豆类以及甘蔗、玉米等。成虫具明显的趋光性。

脊花金龟 *Coelodera penicillata*

花金龟科 Cetoniidae
花金龟属 *Coelodera*

识别特征：成虫体长21~24 mm。体背黄橙色，前胸背板密被黄色毛，仅斜向隆起的两条脊上光裸，露出体表光亮黑色的本色。鞘翅黑色具光泽，翅后段有黄橙色的毛斑，腹末端橙色具绒毛。第2腹板两侧具很多较长的直立黄色毛，从背面观察十分明显。足皆黑色，有光泽。

习性：多生活在环境较好的山区，喜欢访花，数量较少。

格彩臂金龟 *Cheirotonus gestroi*

臂金龟科 Euchiridae 彩臂金龟属 *Cheirotonus*

识别特征：雄虫体长 53~63 mm，宽 32~35 mm，雌虫略小。体长椭圆形，前胸背板古铜色泛绿紫光泽，鞘翅黑褐色，有许多不规则黄褐色斑点，有些斑点中有黑褐色小点，其余体表为金紫色。触角 10 节，鳃片部 3 节。前胸背板甚隆拱，有前狭后宽的中纵沟，盘区滑亮，两侧有小坑各一，四周密布大刻点，侧缘显著锯齿形。小盾片椭圆形。鞘翅端缘近横直，纵沟线模糊。体腹面密被柔长绒毛。足长大，前足十分延长，股节前缘中段角齿形扩出，由齿顶向齿端呈锯齿形。前足胫节匀称弯曲，背面中段有短而强壮的齿突 1 枚，末端内侧延长为细长的指状突，外缘有小刺 5~6 枚。

习性：幼虫、蛹栖息于土壤内，成虫有趋光性。国家 II 级重点保护动物。

赭翅臀花金龟 *Campsiura mirabilis*

金龟科 Scarabaeidae

臀花金龟属 *Campsiura*

识别特征：中型金龟科物种，体黄黑色，有光泽。唇基除基部中央和侧边黑褐色外，其余为乳白色。前胸背板中央黑色，侧边乳白色。鞘翅除侧边和端部黑色外，其余为棕黄色。

习性：幼虫生活在腐殖质中，成虫以柑橘、国槐的花为食。

中华弧丽金龟 *Popillia quadriguttata*

金龟科 Scarabaeidae　弧丽金龟属 *Popillia*

识别特征：小型金龟科物种，长椭圆形，鞘翅基部稍后处最宽。除鞘翅外，余体青铜色，带金属光泽。鞘翅黄褐色，略带金属绿色光泽。腹部 1~5 节外侧有白毛。

习性：幼虫取食腐殖质，成虫白天访花。

戴云鳃金龟 *Polyphylla davidis*

鳃金龟科 Melolonthidae
鳃金龟属 *Polyphylla*

识别特征：体栗褐色至黑褐色，长椭圆形，背腹甚隆拱。头大，头面近方形，唇基前缘折翘波浪形，头面刻点粗密。复眼圆大鼓突。触角 10 节，鳃片部雄虫 7 节，雌虫 6 节。前胸背板前狭后阔，侧缘略呈钝角形扩出，密布粗大鳞片刻点。小盾片大，半椭圆形，基部两侧有鳞片覆盖。鞘翅有由瓜子形乳白色鳞片组成细密的云状斑纹。臀板三角形，密布绒毛刻点。体腹面密被绒毛。足发达，前胫外缘雄虫 2 齿，雌虫 3 齿。

习性：寄主为松、竹、柑橘、苦楝、甘蔗、烟草、花生、玉米等。

小黄鳃金龟 *Metobolus flavescens*

鳃金龟科 Melolonthidae
黄鳃金龟属 *Metobolus*

识别特征：体长 11~13.6 mm，全体黄褐色，被匀密短毛。头部黑褐色，唇基前缘平直向上翻转，复眼黑色。触角 9 节，棒状部 3 节，较短小。前胸背板有粗大刻点。小盾片三角形。胸、腹及腿节有细长毛。臀板圆三角形。前足胫节外缘具 2 齿。雌雄同色。

习性：白天躲在土壤里，夜间出来活动，喜吃植物根苗。

墨绿彩丽金龟 *Mimela splendens*

丽金龟科 Rutelidae
彩丽金龟属 *Mimela*

识别特征：体长 18~20 mm。全身绿色，体表均呈现具强烈金属光泽的绿色。

习性：成虫出现于 5–10 月，生活在低、中海拔山区，夜晚具趋光性。

象粪巨蜣螂 *Heliocopris dominus*

粪金龟科 Geotrupidae　巨蜣螂属 *Heliocopris*

识别特征：别名大王象粪蜣螂、上帝粪蜣、主曦蜣螂，是世界上体型最大的蜣螂，成虫体长45~70 mm，体宽30~40 mm，体黑色或黑褐色，雄虫头部两侧各具一分叉的角突，前胸背板中央具一粗壮的角突，顶面观为三角形。前胸背板前面、下腹面具长的红棕色柔毛。雌虫较雄虫小，头部、前胸无角突。

习性：以亚洲象的粪便为食。成虫具趋光性。

粪金龟 *Catharsius molossus*

粪金龟科 Geotrupidae　蜣螂属 *Catharsius*

识别特征：体长约25 mm，体背面黑褐色，头略小，唇基半圆形，头部布粗密刻点。触角鳃片部橘黄色。唇基部扩大与眼刺突合为一体，小盾片不现。

习性：主要以家畜粪便为食，有时也取食人粪，但不为害作物。用铲状的头和桨状的前足把粪便滚成一个球，有时可大如苹果。初夏时把自己和粪球埋在地下土室内，并以之为食。稍后，雌体在粪球中产卵，孵出的幼虫也以此为食。

茶殊角萤叶甲 *Agetocera mirabilis*

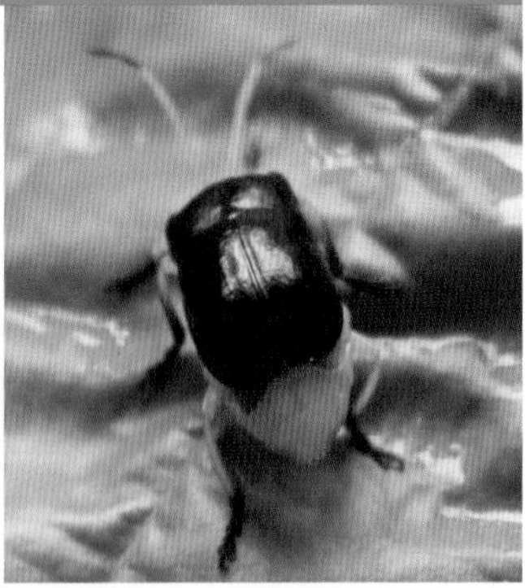

叶甲科 Chrysomelidae　萤叶甲属 *Agetocera*

识别特征：体黄褐色；触角端部2节、前中足胫节端半部、后足胫节端部以及跗节全部褐色；鞘翅紫色。雄虫第2~7节每节基部狭窄，端部膨阔。其中第4节较长，内侧凹较深；第8节粗大，较长，约为第5~7节的总和，在距端部不远有一椭圆形凸起，凸起表面为一大刻点；第9节明显短于第8节，外侧凹洼颇深，似肾形，第10、11节细长，约与第8节等长。

习性：成虫取食茶和油瓜等。

印度黄守瓜 *Aulacophora indica*

叶甲科 Chrysomelidae　黄守瓜属 *Aulacophora*

识别特征：体橙黄色或橙红色，有时较深，带棕色；后胸腹面及腹节黑色，腹部末节大部分橙黄色。雄虫腹部末端中叶上具1大深凹；雄虫腹部末端呈“V”形或“U”形凹刻。有的个体中后足颜色较深，从褐色到黑色，有时前足胫节及跗节颜色亦深。

习性：生活在平地至低海拔地区。成虫食性广，为害各种瓜类，如西瓜、南瓜、甜瓜和黄瓜等，也为害十字花科、茄科和豆科植物，以及向日葵、柑桔、桃、梨、苹果、朴树和桑等。

蓝扁角叶甲 *Platycorynus peregrinus*

肖叶甲科 Eumolpidae　扁角叶甲属 *Platycorynus*

识别特征：体长 9~11.5 mm，宽 5~6 mm。体形粗壮，一般为蓝、黑或蓝黑色，有金属光泽。身体长圆形，头部在复眼内侧和上方有一条向后展宽的深纵沟，触角末端 5 节明显宽扁。趾爪纵裂。

习性：成虫为害牛角爪。

丽叩甲 *Campsosternus auratus*

叩甲科 Elateridae　丽叩甲属 *Campsosternus*

识别特征：体长 38~43 mm。体金属绿色至蓝绿色，带金属光泽，极其光亮。触角、跗节黑色；爪暗褐色。头宽，额具三角形凹陷，触角扁平，第 4~10 节略呈锯齿状，到达前胸基部。前胸背板长宽近等，表面不凸起，后缘略凹。鞘翅肩部凹陷，末端尖锐，表面有刻点及细皱纹。跗节腹面具绒毛。

习性：幼虫为害松和杉。成虫出现于 4–10 月，喜欢吸食树汁，具有趋光性。

金梳龟甲 *Aspidomorpha dorsata*

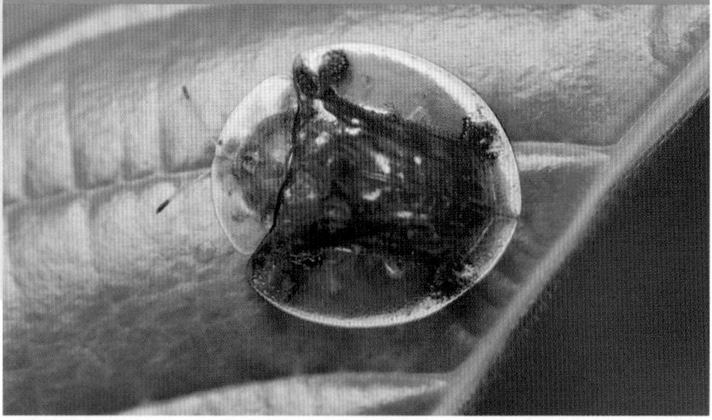

铁甲科 Hispidae　梳龟甲属 *Aspidomorpha*

识别特征：体长 10~16 mm，活虫金黄色具强烈闪光，死后闪光褪去，变为黄色至棕褐色。敞边极宽，透明。鞘翅敞边基部及中后部通常有深色斑，基部一个斑较大从不消失，到达鞘翅侧缘，中后部的斑有时退化甚至完全消失。鞘翅盘区高低不平，具很多不规则的凹坑；头顶强烈隆起，呈圆锥状。

习性：寄主为旋花科、马鞭草科和木兰科植物，以及蕃薯、柚木等。

半鞘丽甲 *Callispa dimidiatipennis*

铁甲科 Hispidae　丽甲属 *Callispa*

识别特征：体长 7.3~8.7 mm，体深红或橙黄色，头、前胸背上半部和触角橙黄色，鞘翅后或 3/5 端区深蓝或紫蓝。前胸背板宽约 2 倍于长，鞘翅除小盾片行外共 11 行刻点。

习性：寄主植物为禾本科的竹类、芦苇。

松毛虫狭颊寄蝇 *Carcelia matsukarehae*

寄蝇科 Tachinidae　狭颊寄蝇属 *Carcelia*

识别特征：体黑灰色，全身覆灰白色粉被，被黑毛。间额、触角、肩胛、侧颜、翅肩鳞、跗节及股节黑色；复眼被毛，下颚须、小盾片、翅后胛、口上片、前缘基鳞黄色；胫节黄色，两端腹面黑色。胸部盾片背面具5个黑纵条，腹部背中央无明显黑纵条，第3、4背板后缘无黑色横带。下腋瓣白色。腹部两侧具暗黄色斑。

习性：寄主为松毛虫。

四斑突眼蝇 *Teleopsis quadriguttata*

突眼蝇科 Diopsidae　突眼蝇属 *Teleopsis*

识别特征：头部黄褐色，向两侧突伸的眼柄黄褐色，端部扩大并呈暗褐色，复眼位于顶端为红褐色。触角黄褐色，触角芒细长、黑色。中胸具3对刺突。小盾片黄褐色，末端有1对小盾刺，基半部黑褐色而端半部黄褐色。足淡黄色至黄褐色。前足股节极粗壮，其腹缘密生小刺列。翅狭长而端圆，有3条烟褐色横带斑，外斑弧弯，内侧中部与中斑相连，使翅面呈现4个透明斑。

习性：成虫5–8月见于阴暗潮湿的沟谷雨林林下，喜欢吸食野芭蕉树干汁液。

长尾管蚜蝇 *Eristalis tenax*

蚜蝇科 Syrphidae
管蚜蝇属 *Eristalis*

识别特征：头等大或略宽于胸，近半圆形；额微突出；雄虫眼合生，雌虫分开，均具毛，无斑点；面部有明显的中突，口缘之上适当突出；触角正常，第3节卵形，背芒，芒裸或基半部有毛。胸部近方形，毛密或不明显，通常沿盾沟处具淡色粉被横带。腹部与胸部等宽，卵形、锥状或略大，有淡色斑纹。足简单，触角芒裸，眼被棕色短毛，中间具2条由棕色长毛紧密排列而成的纵条纹。腹部大部分棕色。

习性：成虫盛发期在5–8月。

蓝翠蝇 *Neomyia timorensis*

蝇科 Muscidae　翠蝇属 *Neomyia*

识别特征：成虫体长6~7 mm，体呈蓝绿色，发亮。雄虫头宽大于胸宽；复眼上半部小眼面扩大。触角、颜和颊黑色；雄额等于触角宽的1/6~1/4，在最狭处间额消失，侧额亮黑色，雌间额为侧额宽的4倍。沟前鬃和肩后鬃存在，无前中鬃，背中鬃"2+4"，前中侧片鬃1，腹片鬃2。前缘基鳞黑色。后股中位，后腹鬃1。

习性：可不停飞行、觅食求偶或到处爬行，喜停落棱角边。

大蜜蜂 *Apis dorsata*

蜜蜂科 Apidae　蜜蜂属 *Apis*

识别特征：体细长。唇基刻点稀；头、胸、足及腹部端部 3 节黑色。腹部基部 3 节蜜黄色。翅黑褐色，透明，具紫色光泽，后翅色浅。小盾片及并胸腹节被蜜黄色长毛。足被黑色毛。

习性：为真社会性昆虫，访砂仁、悬钩子等多种植物的花，5–8 月在林中高大树上筑巢，9 月后迁移到较低海拔的河谷岩石处储蜜越冬。

小蜜蜂 *Apis florea*

蜜蜂科 Apidae　蜜蜂属 *Apis*

识别特征：体黑色。腹部第 1、2 节背板红褐色；头稍宽于胸；唇基刻点细密；上颚顶端红褐色；小盾片黑色；腹部第 3~6 节背板黑色，第 3~5 节背板基部具白绒毛带。腹部腹面为细长的灰白色毛。

习性：为真社会性昆虫，访砂仁、咖啡，以及伞形科、马鞭草科植物的花，栖息于海拔 1900 m 以下的河谷、盆地，筑巢于低矮灌木枝杈处。

东亚无垫蜂 *Amegilla parhypate*

蜜蜂科 Apidae　无垫蜂属 *Amegilla*

识别特征：唇基黑斑大，内缘平行；唇基刻点粗而深。胸部被浅黄杂有黑色的毛。腹部第1~5节背板端缘具金属绿毛带，第6~7节背板被黑毛，第6节两侧有浅色毛。各基节及腿节被浅黄色毛，胫节及跗节外侧毛灰黄色，内表面暗褐色，后足胫节的长毛黄白色，后基跗节被黑毛，基部有浅色毛。

习性：具独栖性，于土中筑巢，访水柳、荆条、益母草等植物的花。

鞋斑无垫蜂 *Amegilla calceifera*

蜜蜂科 Apidae　无垫蜂属 *Amegilla*

识别特征：雌虫较狭小；触角柄节前表面乳白色，第2~12柄节前表面暗褐色；上颚基部褐黄色；眼侧及额被黑白混杂的毛；颊密被白色毛、胸侧密被灰黄与黑色混杂的毛；腹部卵圆形，黑色；第1~4节背板被黄绿色毛带，其余各节被稀疏黑色毛。雄虫与雌虫的区别为雄虫触角柄节前表面黄色，第1鞭节前表面端部褐红色。

习性：具独栖性，于土中筑巢，访大丽菊等植物的花。

丽狭腹胡蜂 *Eustenogaster nigra*

胡蜂科 Vespidae　狭腹胡蜂属 *Eustenogaster*

识别特征：前胸背板黄色，中胸侧板接近腹板处具 1 块黄斑。腹部第 1 节呈细柄状，其长度超过腹部其余各节长度之总和，第 2 节背板端缘后具 1 黄色环条带。

习性：本种在海拔 1600 m 以上的区域被发现。

褐赤土蜂 *Scolia azurea*

土蜂科 Scoliidae　赤土蜂属 *Scolia*

识别特征：体黑色。额、眼凹的一部分、头顶、后颊的上部为橙黄色。第 3 背板的两个斑、斑后的毛红色，第 4 及其后背板生有红色毛，最末背板常生有黑色毛，唇基前缘宽，前胸背板有密刻点；中胸盾片几乎全部平滑，小盾片有相当大的分散刻点。腹部第 1 背板有密刻点，前面有 1 瘤状凸起，其上及其附近平滑，瘤上有 1 小浅穴。

习性：寄主为鞘翅目金龟子科昆虫的幼虫。

紫绿姬蜂 *Chlorocryptus purpuratus*

三节叶蜂科 Argidae　姬蜂属 *Chlorocryptus*

识别特征：体紫色，有蓝黑色金属光泽。头部横宽，复眼紫褐色。单眼赤黄色；触角黑褐色。前胸背板下方及中胸侧板具平行皱刻；中胸盾片无盾纵沟，但在该处有细皱纹。后方有中纵脊。翅透明。腹部第1背板宽大于长或近于等长；第2背板梯形。产卵器与后足胫节等长，基部黄色，末端黑色，鞘黑褐色。前、中足腿节蓝黑色，胫节褐色；后足胫节及各足跗节和爪黑褐色。

习性：寄主为鳞翅目刺蛾科丽绿刺蛾、褐色边绿刺蛾、桑褐色刺蛾和扁刺蛾等的幼虫。

弄蝶武姬蜂 *Ulesta agitata*

姬蜂科 Ichneunmonidae

武姬蜂属 *Ulesta*

识别特征：体黑色；触角终端、颈中央、前胸背板上缘、小盾片、翅基脊黄色；腹部第1~3或1~5节赤褐色或暗赤褐色；触角中段背面白色；翅烟黄色；足黑色；胫节和跗节黄褐色。头部密布刻点，雌蜂触角39节，小盾片平滑，无侧脊。并胸腹节脊发达，分区完整，中区六角形，长大于宽。腹部第1背板柄部光滑，后柄部扩大，具粗刻点。

习性：本种为单寄生、内寄生，害主主要为鳞翅目弄蝶科的幼虫。

绿翅木蜂 *Xylocopa tenuiscapa*

木蜂科 Xylocopidae
木蜂属 *Xylocopa*

识别特征：体长24~26 mm。体粗壮，黑色或蓝紫色具金属光泽。胸部生有密毛，腹部背面通常光滑。触角膝状。单眼排成三角形。上唇部分露出，下唇舌长。足粗，后足胫节表面覆盖很密的刷状毛；前、中足胫节有1距，后足有2距。翅狭长，常有虹彩。腹部无柄，雌蜂尾端有1粗短的刺藏于毛中。

习性：营独居生活，常在干燥的木材上蛀孔营巢，对木材、桥梁、建筑、篱笆等为害很大。

黄猄蚁 *Oecophylla smaragdina*

蚁科 Formicidae
猄蚁属 *Oecophylla*

识别特征：大型工蚁，体锈红色，有时橙红色。雌蚁体黄色。上颚较宽；并腹胸粗；结节宽厚，楔形，顶端中央深凹。后腹大，宽卵形。足较短粗。雄蚁体棕黑色，头部较小；上颚窄，咀嚼边齿不明显。

习性：树栖。在巢穴外活动的工蚁在树梢用树叶筑巢，里面分为若干小室，一个大巢由若干小巢组织。生性凶猛，擅长捕食各种昆虫。

广腹螳螂 *Hierodula patellifera*

螳科 Mantidae　广腹螳螂属 *Hierodula*

识别特征：成虫 51~63 mm。前胸背板粗短。体型中等，体绿色或紫褐色。胸部和腹部均宽阔，头部三角形，复眼卵形，大而突出。触角线状，与前胸背板略等长。前胸背板长菱形，其侧缘具细钝齿，前端 1/3 部分的中央有凹槽，后端 2/3 部分的中央具细小的纵隆线，雄虫的纵隆线不明显。前胸背板基部具 2 条褐色条横带；中、后胸背板略等长，其中央部分也各具纵隆线。前足腿节粗，略短于前胸背板，内缘具甚长的小刺，刺多数为黑褐色；中、后腿节均各具端刺。前翅淡绿色或淡褐色，各有 1 小白斑，后翅端部绿色。腹部粗大。雄虫第 9 腹板两侧及尾端具黑色细小短齿，同时着生尖短腹刺 1 对。

习性：捕食直翅目、鳞翅目、鞘翅目、膜翅目和同翅目的幼虫及成虫。

中华螳螂 *Tenodera sinensis*

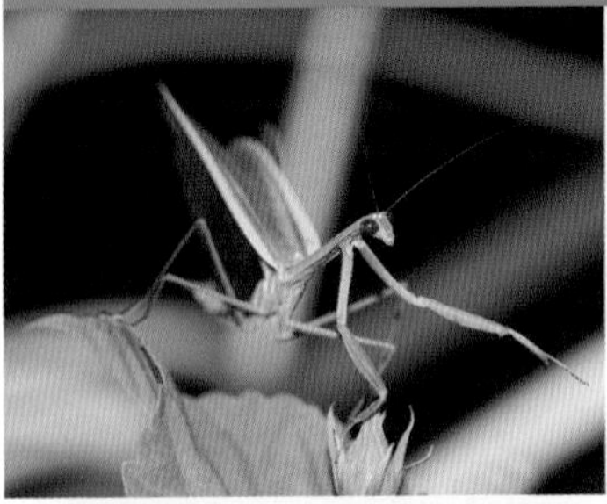

螳科 Mantidae
螳螂属 *Tenodera*

识别特征：成虫体长 47~90 mm。雌虫长 21~29 mm，前胸背板黄褐色或绿色。头部三角形。触角线状，柄节最大。前胸背板前端 1/3 处扩大，整个背板长菱形；背板侧缘具钝形齿列，背面中央纵隆线明显，前部中央呈凹槽。前足基节长，下缘具钝齿，前腿处有刺 4 个，刺的先端黑褐色；后腿具 1 端刺。前翅成复翅，前缘区浅绿色，后翅扇状，具透明斑纹。前后翅约等长。腹部尾须分节明显，雄虫具 1 对腹刺。

习性：各种环境可见，常在阳光充足处活动。

丽眼斑螳 *Creobroter gemmata*

花螳科 Hymenopodidae　眼斑螳属 *Creobroter*

识别特征：常见的美丽螳螂种类，长相十分奇特，非常引人注意，绿色。复眼呈圆锥状向上凸起，前翅中部具有一个大型的眼状斑纹。

习性：生活于温暖湿润的环境忠，在捕食完猎物或休息时常用口器舔干足，进行自我清洁。1年1代，雌雄交配后，雌性把卵鞘产在树枝或树干上；先从腹部排出泡沫状物质，然后在上面须次产卵，泡沫状物质会很快凝固，形成细长条状的坚硬卵鞘。

彩蛾蜡蝉 *Cerynia maria*

蛾蜡蝉科 Flatidae　蛾蜡蝉属 *Cerynia*

识别特征：体灰赭色，前、中足的胫节和跗节黑褐色，后足跗节褐色。触角各节都带有黑色。头、胸带有灰绿色，中胸背板上有6个褐色斑：前缘2个，侧缘各2个。腹部常有白色蜡质，前翅淡灰色、青蓝色或粉红色，基部有1个小褐色斑点，近基部有1个大的血红色斑，近端部有3条黑线，1条长的在翅中央，2条短的在近翅后缘。后足胫节外侧近端部有刺3个。

习性：寄主植物主要有楸和绿篱灌木。成虫吸食树的汁液，并与若虫一起集体越冬。

螗蝉 *Tanna japonensis*

蝉科 Cicadidae
螗蝉属 *Tanna*

识别特征：大型蝉，体褐色带有暗绿色斑纹。翅透明有黑色不规则斑纹，腹节被有白色绒毛。腹部黄褐色，末端白色。雄虫的腹部远长于雌虫。

习性：多见于中、低海拔的树林中，闷热的夏季常集体鸣叫。

螂蝉 *Pomponia linearis*

蝉科 Cicadidae
螂蝉属 *Pomponia*

识别特征：大型蝉，体黑色带有绿色斑纹。腹部黄褐色，末端白色；雄虫腹部较长、中空，呈透明状。

习性：夏季出现，多见于中、低海拔的树林中，白天集中进行间歇性鸣叫。

斑蝉 *Gaeana maculata*

蝉科 Cicadidae　斑蝉属 *Gaeana*

识别特征：体黑色，被黑色绒毛。头部和尾部的绒毛较长，头冠宽于胸背板基部，头顶复眼内侧有一对斑纹；复眼灰褐色，较突出；前胸背板黑色，无斑纹。中胸背板有 4 个黄褐色斑纹，X 隆起两侧也有一对黄褐色斑纹。前后翅部透明，前翅黑褐色，基半部有 5 个黄褐色斑点，端半部斑纹灰白色。

习性：成虫产卵于乔木树皮内，若虫孵化后钻入地下生活，吸食乔木树根部汁液生活。雄性成虫可以鸣叫。

带笃蝉 *Tosena fasciata*

蝉科 Cicadidae　笃蝉属 *Tosena*

识别特征：头、复眼、触角及足黑色。前胸背板前部黑色，后部具白色环带；后胸背板黑色。腹部黄色，每节具黑色环纹。前翅、后翅棕褐色，前翅中部具一条白色的条带。

习性：夏季干热时段成虫会集群在溪流的沙滩吸水。

东方丽沫蝉 *Cosmoscarta heros*

沫蝉科 Cercopidae　丽沫蝉属 *Cosmoscarta*

识别特征：头及前胸背板紫黑色，具光泽。复眼灰色，单眼浅黄色。触角基节褐黄色，喙桔黄色或桔红色或血红色。小盾片桔黄色，前翅黑色，翅基或翅端部网状脉纹区之前各有 1 条桔黄色横带。胸节腹面褐色或紫黑色，后胸侧板及腹板桔黄色或桔红色或血红色，跗节、爪、前足与中足的腿节末端与胫节以及后足胫节末端暗绿色。腹节桔黄色或桔红色或血红色，侧板及腹板的中央有时黑色。

习性：夏季常集群在溪流边漂浮水面的树叶上，能制造泡沫并躲藏到里头。

赤腹猛猎蝽 *Sphedonolestes pubinotus*

猎蝽科 Reduviidae　猛猎蝽属 *Sphedonolestes*

识别特征：体黑色，具蓝色金属光泽。复眼褐色至黑褐色，单眼红褐色。触角第 3、4 节黑褐色至黑色。侧接缘红褐色至鲜红色，颈端突明显瘤状，前胸背板前叶显著小于后叶，后叶上的纵沟较窄而深。前胸背板后叶发达，侧角略上翘。

习性：在植物的中上层活动，捕食各种昆虫和节肢动物。

黄带犀猎蝽 *Sycanus croceovittatus*

猎蝽科 Reduviidae
犀猎蝽属 *Sycanus*

识别特征：全体黑色，前翅革区端半部及膜区基部金黄色至桔黄色。头细长，约为前胸背板和小盾片之和。触角细长，黑色，共4节，第1节与前股节约等长。前胸背板后叶长于前叶，前侧角有小凸起，前叶甚狭于后叶，后叶有桔片状皱纹。小盾片的刺较长，端部呈二岔状，半竖立。足多细毛。

习性：在植物的中上层活动，性情凶猛，捕食各种昆虫、节肢动物成虫及幼虫。

岱蝽 *Dalpada oculata*

蝽科 Pentatomidae　岱蝽属 *Dalpada*

识别特征：体黄褐色，有由密集的黑刻点组成的不规则黑斑。头部侧叶与中叶等长。前胸背板隐约具4~5条粗黑纵带，前侧缘粗锯齿状。小盾片基角黄斑圆而大，末端黄色。胫节两端黑色，中段黄色。

习性：寄主为云南松、油茶、牛肋巴、柑橘，以及栎类植物等。

尖角普蝽 *Priassus spiniger*

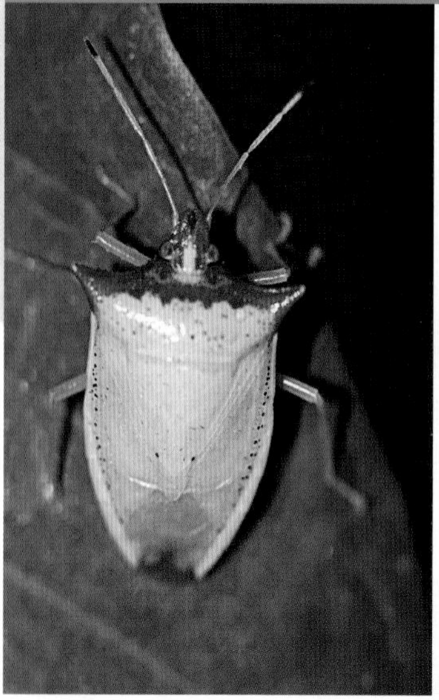

蝽科 Pentatomidae
普蝽属 *Priassus*

识别特征：体椭圆形，深黄褐色，或前胸背板与鞘翅片部分带有玫瑰色色泽，密布均匀的黑刻点。头部侧叶与中叶末端平齐。触角黄褐色。前胸背板的前侧缘只有不明显的极浅而圆的齿，较光滑，最边缘淡白色。腹基刺突伸达中足基节前缘。

习性：为害板栗、樱桃、桃和梨等植物。

麻皮蝽 *Erthesina fullo*

蝽科 Pentatomidae　麻皮蝽属 *Erthesina*

识别特征：体背黑色，散布有不规则的黄色斑纹。头部突出，背面有4条黄白色纵纹从中线顶端向后延伸至小盾片基部。触角黑色。前胸背板及小盾片黑色，有粗刻点及散生的黄白色小斑点。侧接缘黑白相间或微红。

习性：成虫及若虫均以锥形器吸食多种植物的汁液。

川甘碧蝽 *Palomena haemorrhoidalis*

蝽科 Pentatomidae
碧蝽属 *Palomena*

识别特征：体宽椭圆形，碧绿色，有光泽。前胸背板侧角伸出。体背面密布较均匀的黑刻点。翅膜片烟褐色。体下方淡黄绿色。足淡绿色。

习性：常活动于灌木、草本植物上。

云南菜蝽 *Eurydema pulchra*

蝽科 Pentatomidae　菜蝽属 *Eurydema*

识别特征：体椭圆形，黄色、橙色或橙红色，具黑色斑。头部侧叶每侧有一淡色斑，有时中叶基部尚有一小型红黄色斑。前胸背板有黑斑6块，前2后4，小盾片基部中央有一大型三角形黑斑，近端处两侧各有一小黑斑。翅革片黄、红色，爪片及革片内侧黑色，中部有宽横黑带，近端角处有一小黑斑。侧接缘黄黑相间。体下方黄色，腹下侧区每节有2黑斑，外侧者小，内侧者大，触角黑色。足黄黑相间。

习性：寄主为十字花科蔬菜。

关公虫 *Catacanthus incarnatus*

蝽科 Pentatomidae
显蝽属 *Catacanthus*

识别特征：背面黄色，小盾片基部前缘黑色，凹陷较深，端部较尖而长。前翅革片近后缘左右各有一横列长椭圆形大黑斑，前翅膜区黑色。因其形似关公脸谱，故此得名。

习性：寄主为夹竹桃科鸡蛋花属鸡蛋花等植物。

丽蝽 *Antestia anchora*

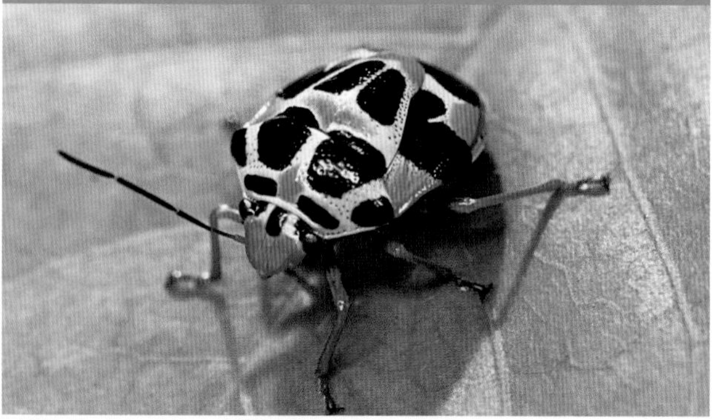

蝽科 Pentatomidae　丽蝽 *Antestia*

识别特征：体长约 9mm，体橙红色，具黑色、灰色和白色斑纹。头橙红色，前胸背板灰白色，有六个黑色斑，排列为前面 2 个，后面 4 个。小盾片向后延长，底色为灰白色，与前胸背板联接处及盾片中部各具 1 对黑色大斑，中部及端部橙红色。足橙红色。触角基节橙红色，其余各节黑色。翅革片左右各有 3 个黑色近圆形黑斑。

习性：见于低海拔林缘灌木丛。

红谷蝽 *Gonopsis coccinea*

蝽科 Pentatomidae　谷蝽属 *Gonopsis*

识别特征：体长12~17 mm，宽8~10 mm，砖红色至红黑色，小盾片色彩较鲜明，其余部分因常具黑刻点而色暗。前胸背板前侧缘锯齿状。头三角形，前胸背板两侧突出成尖状，中胸小盾片发达。

习性：卵聚产。寄主主要为水稻、甘蔗等禾本科植物，成虫及若虫均取食寄主植物的叶或穗。强日照时转移到寄主基部叶或杂草间隙栖息。

巨红蝽 *Macroceroes grandis*

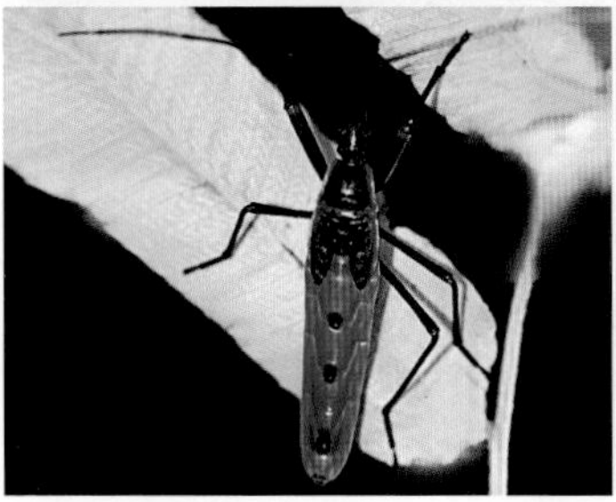

大红蝽科 Largidae
红蝽属 *Macroceroes*

识别特征：成虫体长28~54 mm，长卵形，血红色，具光泽，无单眼；触角黑色，极长，第1节约2倍或更长于头及前胸背板长度之和；前胸背板中央横缢，后部有大黑斑，革区中央有1大黑斑。雄虫腹部极度延伸。前足腿节红色，中、后足及腹板侧缝外的斑纹为棕色至黑色。足细长，前足腿节粗壮，内侧有细齿，近端部有小刺。

习性：喜群栖。成虫于7–9月出现，以成虫在落叶堆中过冬。不擅飞行，受惊时假死坠地。

宽肩达缘蝽 *Dalader planiventris*

缘蝽科 Coreidae　达缘蝽属 *Dalader*

识别特征：成虫体长24~26 mm，赭色。触角第3节向两侧较强扩展，长约为宽的3倍。前胸背板侧叶向前方伸展部分较短，较尖，侧缘及后缘两侧均显著的向内弯曲。

习性：常在灌丛及林缘草丛中活动。

茶色赭缘蝽 *Ochrochira camelina*

缘蝽科 Coreidae

赭缘蝽属 *Ochrochira*

识别特征：因前翅膜片上的多条脉均由1条横脉上发出，故属缘蝽科。又因各足腿节腹面顶端有尖锐的齿，而属巨缘蝽类。本种喙的第2节显著短于第1节，第3节短于第2节，前胸背板无黑色纵纹。雌虫后足腿节腹面无大刺。

习性：寄主植物除水稻外，还有麦类植物、黄粟、高粱、玉米、甘蔗、棉、芝麻、蚕豆、豌豆和大豆等，并喜食狗尾草、雀稗等禾本科杂草。

版纳同缘蝽 *Homoeocerus bannaensis*

缘蝽科 Coreidae
同缘蝽属 *Homoeocerus*

识别特征：体狭长，鲜黄绿色。前翅和触角第1~3节赤褐带黄绿色，前胸背板向前倾斜，侧缘平直，侧角几成直角，微向上翘，侧角间歇隆起。小盾片小，顶端尖。前翅略短于腹部，革片中央稍后方有1淡黄色横长斑，膜片透明，稍带烟褐色，内基角及边缘烟黑色。

习性：寄主为水稻、禾本科杂草。

纹须同缘蝽 *Homoeocerus punctiger*

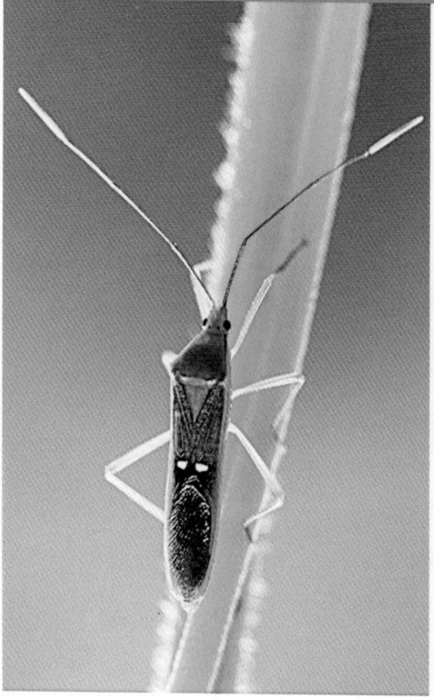

缘蝽科 Coreidae
同缘蝽属 *Homoeocerus*

识别特征：身体草绿或黄褐色；触角红褐色，复眼黑色，单眼红色；前胸背板较长，有浅色斑，侧缘黑色；侧角呈锐角，上有黑色颗粒；前翅革片烟褐色，膜片烟黑色，透明。

习性：寄主为柑橘、合欢、紫径花，以及茄科和豆科植物。

荔蝽 *Tessaratoma papillasa*

荔蝽科 Tessaratomidae　荔蝽属 *Tessaratoma*

识别特征：成虫体长 21~31 mm，椭圆形，棕黄褐色。头短，三角形。单眼圆，红色。触角 4 节，粗短，深褐色。前胸背板前部向下倾斜，中部隆起，后部覆盖小盾片基部。小盾片三角形，端部尖长，末端表面凹下呈匙状。前翅膜片达于腹末或稍长。侧接缘狭窄，锯齿状。腹面覆有白色蜡质粉状物。

习性：成虫和若虫主要集群为害荔枝、龙眼等。

暗绿巨蝽 *Eusthenes saevus*

荔蝽科 Tessaratomidae　巨蝽属 *Eusthenes*

识别特征：体椭圆形，紫绿色或深橄绿色，有油状光泽。前胸背板及小盾片具细皱纹，前胸背板前角成小尖角状突出。小盾片末端常黄褐色。体下及足深栗褐色。体下具金绿色光泽。触角除第 4 节基部外为黑褐色。

习性：主要取食豆科植物。

方蝽 *Asiarcha angulosa*

荔蝽科 Tessaratomidae　方蝽属 *Asiarcha*

识别特征：长方形，体型大，紫褐色带翠绿色泽，头部及身体后半部尤甚。前胸背板侧角末端超过头的前端。体下方及足段黄褐色，腹部中央多少具金属绿色光泽。触角第 1、2 节黄褐色，第 3 节基部大半黑褐色，末端淡黄褐色，第 4 节基部淡黄褐色，末端黑褐色。

习性：寄主植物为云南松、栎类。

无刺瓜蝽 *Megymenum inerme*

兜蝽科 Dinidoridae

瓜蝽属 *Megymenum*

识别特征：体黑褐色。头部侧叶甚长，头的侧缘在复眼前方没有向外伸的长刺。触角 4 节，第 2、3 节扁。腹部侧缘常成角状向外突出。前胸背板前侧角较短钝，约成直角。

习性：集群为害瓜类，以成虫在枯枝落叶下越冬。

小斑红蝽 *Physopelta cincticillis*

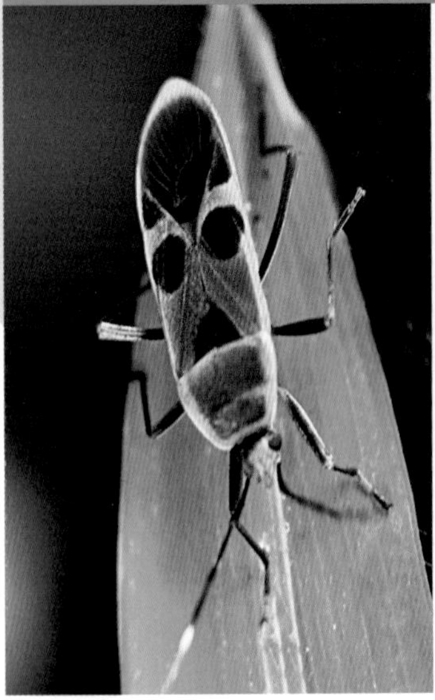

红蝽科 Pyrrhocoridae
斑红蝽属 *Physopelta*

识别特征：体被半直立浓密细毛，窄椭圆形。革片中央各具1圆形黑斑，触角第4节基半部浅黄色。前足股节稍粗大，其腹面近端部有2或3个刺。

习性：成虫具有趋光性。

油茶宽盾蝽 *Poecilocoris latus*

盾蝽科 Scutelleridae　宽盾蝽属 *Poecilocoris*

识别特征：宽椭圆形，黄、橙黄或黄褐色，具蓝色或蓝黑色斑。头部蓝黑。前胸背板共有4块黑斑，后边一对斑大。小盾片共有7~8块黑斑，基部中央有一块大型横列斑，或分为2块，这些黑斑的边缘常围以橙红色边。触角及足蓝黑色。体下橙黄色。

习性：为害茶和油茶。成虫和若虫在茶果上吸食汁液，吸食造成的伤口能诱发油茶炭疽病，引起落果。

山字宽盾蝽 *Poecilocoris sanszesignatus*

盾蝽科 Scutelleridae
宽盾蝽属 *Poecilocoris*

识别特征：宽椭圆形，蓝绿色具红斑纹，有的个体具明显金属光泽，有的个体无光泽而呈绒面状。触角及足黑，或蓝黑。前胸背板有1红色或红黄色不规则斑纹，纹中央向前突出成一角状，有时断开，横纹在两侧端向前后延伸，向前可达小盾片基部，身后略扩展，或延伸时变细与小盾片端部的红色“山”字纹相连；端部的“山”字纹两边纵纹末端向内弯曲。腿节上方和胫节下方有长绒毛。

习性：寄主为云南松、桤木等。

角盾蝽 *Cantao ocellatus*

盾蝽科 Scutelleridae　角盾蝽属 *Cantao*

识别特征：体黄褐色或棕褐色，无光泽。前胸背板有2~8个小黑斑，有时互相连接。小盾片上有6~8块黑斑，各斑周围有淡黄色边缘。触角蓝黑色。体下方及腹部大半黄褐色。体下中央有数个黑斑，侧方各节有一黑斑。前胸背板侧角呈小而尖锐的角状伸出。

习性：主要取食油桐、油茶、血桐，以及禾本科植物。集群为害寄主植物，成虫发生在7–9月，以成虫越冬。

红缘亮盾蝽 *Lamprocoris lateralis*

盾蝽科 Scutelleridae　亮盾蝽属 *Lamprocoris*

识别特征：椭圆形，体金绿色或金蓝色，具强烈金属光泽。前胸背板隆起，有7条黑色纵纹。小盾片绿色，有5~7列黑色斑点，各斑点分离，第1、2列斑中间具黑色的横带。翅面有金黄色光泽。触角黑色，足及体下方蓝绿色。腹下侧缘处宽阔地红黄色，气门附近呈黑色圆斑。

习性：常见于草丛中，取食茶树、栎类及禾本科植物。

南方油葫芦 *Teleogryllus mitratus*

蟋蟀科 Gryllidae　油葫芦属 *Teleogryllus*

识别特征：体长24~30 mm，多为通体紫红色，腿色浅呈淡土黄色。复眼周围为黄褐色，两触角窝之间有一对褐色小斑。前胸背板盘区红褐色，侧叶上半部与盘区同色或色略深，下半部黄褐色。足粗壮，尤其6条腿及须长且粗大，后腔节有6对亚端距。雄虫前翅红褐色，长达尾端，翅色油润且有光泽，斜脉3~4条。

习性：多栖息在砖石下或落叶中，少数栖息在村边、菜园、菠萝等热带植物园中，但危害不大，不属于农业害虫。

棉蝗 *Chondracris rosea*

蝗科 Acrididae　棉蝗属 *Chondracris*

识别特征：体长44~55 mm，体黄绿色。后翅基部玫瑰红色。头顶中部、前胸背板沿中隆线以及前翅臀脉域具有黄色纵条纹。头部较大，短于前胸背板长度；颜面向后倾斜，且隆起扁平。前胸背板粗糙；中隆线高，侧面线呈弧形。雄性腹部末节无尾片，雌性产卵瓣短粗。

习性：若虫、成虫为害大豆叶片。

红褐斑腿蝗 *Catantops pinguis*

褐斑腿蝗科 Catantopidae

斑腿蝗属 *Catantops*

识别特征：中型蝗虫，体长25~35 mm，体褐色或淡红褐色，后胸前侧有一条淡黄色斜纹，后足股节橙红色。前胸背板平，前翅狭长，超过后足股节。

习性：取食小麦、玉米、水稻、高粱、花生、豆类、甘薯、棉花、甘蔗、油棕、竹、茶树、马尾松，以及禾本科杂草。

花胫绿纹蝗 *Aiolopus tamulus*

斑翅蝗科 Oedipodidea　绿纹蝗属 *Aiolopus*

识别特征：成虫雌体长 25~29 mm，前翅长 22~29 mm；雄体长 18~22 mm，前翅长 22~29 mm。体褐色。头部大，略高于前胸背板。头顶三角形，微凹，侧隆线达复眼的前缘。颜面向后倾斜，触角丝状，略超过前胸背板的后缘。前胸背板两侧常具黑色条纹，侧片的底缘常呈绿色；中隆线低。前、后翅发达，长度超过后足胫的中部；后足股节内侧具黑色斑 2 个；膝侧片顶端圆形，黑色。后足胫节近基部浅黄色，中部蓝黑色，端部红色。

习性：取食小麦、玉米、水稻、高粱、白茅、马唐、狗尾草及碱蓬等。

黄星蝗 *Aularches mliaris*

瘤锥蝗科 Chrotogonidae　星蝗属 *Aularches*

识别特征：雄虫体长 36~55 mm，雌虫体长 46~69 mm。黑色或黑褐色，体具瘤状突起和黄色斑点。头短，近卵形。前胸背板中隆线明显，缺侧隆线，具有较大的的瘤突、齿和刺。前翅宽长，超过后足股节顶端，翅端宽圆。前胸背板黑色，瘤状突起橘红色、黄色或黑色。腹部每节后缘红色或黄色。

习性：林地环境常见，多栖息在树冠上，早晨常群聚于树顶以及灌木顶晒太阳取暖。受到惊扰后，会分泌出有臭味的泡沫。

多恩乌蜢 *Erianthus dobrni*

蜢科 Eumastacidae　乌蜢属 *Erianthus*

识别特征：成虫体长 19~34 mm。体绿色带有黑斑，雌虫体色暗淡，无色斑。头顶直立，锥形，颜面扁平，触角丝状，短于前足股节。前胸背板前缘平截，后缘钝角形，具中隆线。前翅狭窄，向翅端方向逐渐扩展，端部斜截，后翅短于前翅。前翅褐色，径脉域中部具 1 个黄斑，另有 2 个透明斑。雄虫腹部末端膨大，肛上板开裂，下生殖板深裂成两叶，近端部向上弯曲。

习性：栖息于亚热带常绿阔叶林的中下层。

白二尾舟蛾 *Cerura tattakana*

舟蛾科 Notodontidae　二尾舟蛾属 *Cerura*

识别特征：体近白色；头、颈板和胸部灰白稍带微黄；胸背中央有 6 个黑点，分 2 列。腹背黑色，第 1~6 节中央有 1 条明显的白色纵带。翅基片有 2 个黑点，前翅黑色内横线较宽，不规则，外横线双边平行波浪形，外缘有 7~8 个三角形黑点。

习性：寄主植物有红花天料木、杨、柳等。

鳞翅目

黑蕊舟蛾 *Dudusa sphingiformis*

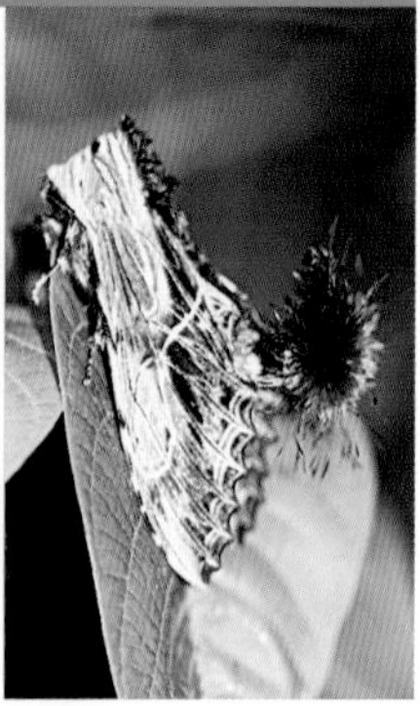

舟蛾科 Notodontidae　蕊舟蛾属 *Dudusa*

识别特征：头、触角黑褐色。前翅灰黄褐色，基部有1个黑点，前缘有5~6个暗褐色斑点，从翅尖至内缘近基部暗褐色，呈一大三角形斑；亚基线、内线和外线灰白色。内线呈不规则锯齿形，外线清晰，延伸呈双曲线形。亚端线和端线均由脉间月牙形灰白色线组成。缘毛暗褐色。

习性：成虫具有趋光性。当受到威胁时会用腹部摩擦后翅，发出吱吱的响声，为发出更大的响声，腹部几乎举过头顶。寄主植物为龙眼、漆树等。

豹尺蛾 *Dysphania militaris*

尺蛾科 Geometridae　豹尺蛾属 *Dysphania*

识别特征：前翅长38~41 mm，体粗壮，杏黄色；前翅狭长，外缘极倾斜；端半部为蓝紫色，有2列半透明的圆形白斑；前翅基部和后翅杏黄色，散布蓝紫色斑。翅反面颜色和斑纹同正面。

习性：主要为害竹节树。1年发生3代，以蛹越冬，幼虫共6龄。成虫白天活动，行动缓慢，有气味，鸟类不食。

尖额青尺蛾 *Aporandria specularia*

尺蛾科 Geometridae　青尺蛾属 *Aporandria*

识别特征：前翅长 29 mm。翅青绿色，前翅中室端有一褐点，后翅中线与内线间淡褐，间有青色，中室端有一青色圆圈，翅基部较淡；额棕色，头顶白色，胸及腹青绿色，腹后部较淡；翅反面为略带虹彩的淡绿色，两性相同，但雄蛾有更粗的羽毛状触角。

习性：成虫具有趋光性。

川均点尺蛾 *Percnia belluaria*

尺蛾科 Geometridae　柿星尺蛾属 *Percnia*

识别特征：雄蛾触角锯齿形，具纤毛簇；雌蛾触角线形。额和头顶后半部灰色，头顶前半部黑褐色。胸腹部背面灰白至浅灰色，排列黑斑。前翅浅灰色，后翅灰白色，在亚缘线外侧逐渐过渡为浅灰色；斑点黑色，大小均匀；前翅基部 2 个黑点，亚基线 4 个黑点；内线、外线、亚缘线和缘线各 1 列黑点；翅中部斑点大小与其他斑点相近。后翅内线至缘线斑点与前翅相同。

习性：寄主植物为核桃、柿等。成虫具有趋光性。

铅灰金星尺蛾 *Abraxas plumbeata*

尺蛾科 Geometridae　金星尺蛾属 *Abraxas*

识别特征：雄触角纤毛极短但细密。斑纹色深且斑块较大，前翅基部、前翅亚缘及后翅亚缘具黑褐色斑块，间有黄褐色和黄色斑，前翅外线下端大斑内上角由黄褐色逐渐过渡为淡黄色；其他斑纹铅灰色，在各翅前缘处特别密集。前翅中域中室下方斑块发达，后翅中域中室下方有零星斑块；前后翅外线斑块较大，前翅外线斑块互相连接，后翅外线斑块部分相连，有时为双点。

习性：成虫具有趋光性。

云尺蛾 *Buzura thibetaria*

尺蛾科 Geometridae　云尺蛾属 *Buzura*

识别特征：成虫体长 18~23 mm，翅展约 70 mm，雄蛾略小。体白色，被少许黄褐色鳞毛。翅白色，前翅内、外横线为黑色波状纹，亚外缘线区、中线区、亚基线区鳞毛黄褐色，翅基肩角处具 2 个黑点，前缘中部有一黑色肾状纹，中央灰白色。后翅仅外横线黑色，亚外缘线区鳞毛黄褐色，翅中部具一黑色环状纹，中央灰白色，后缘中部有一黑斑。雌虫腹部有黑色环纹 6 圈，雄虫为 7 圈，腹未有黄色毛丛。

习性：幼虫为害茶树、油茶、油桐、刺槐、梨、大豆、玉米等 60 多种植物。

接骨木尺蛾 *Ourapteryx sambucaria*

尺蛾科 Geometridae　接骨木尺蛾属 *Ourapteryx*

识别特征：成虫前翅长37~45 mm。体色略带青黄，翅薄，每翅有2条横纹呈黄色，后翅外缘突出较长、较尖。

习性：幼虫以接骨木、忍冬、柳、椴、桤木、乌荆子、常春藤、蔷薇、栎、李、栌、莓和勿忘我等多种植物为食，1年发生1代，幼虫越冬，4–5月化蛹，5月底成虫出现。

灰星尺蛾 *Arichanna jaguarinaria*

尺蛾科 Geometridae　星尺蛾属 *Arichanna*

识别特征：全身灰色，前翅具成列黑斑，各列黑斑分明，中室黑斑较大，后翅几乎为浅白色，微染黄色，外缘鹅黄色，亚缘具一行黑色斑列。

习性：1年发生1代，幼虫取食椤木，3月出现，5月老熟。成虫具有趋光性。

多星尺蛾 *Arichanna sinica*

尺蛾科 Geometridae　星尺蛾属 *Arichanna*

识别特征：展翅 44~56 mm，雌蛾较大。前翅底色黄褐色，翅面密布大小不等的黑斑略具横向排列，以中室端的圆型黑色斑最大；后翅黄色，具稀疏的斑点。

习性：主要分布于中、高海拔山区。成虫具有趋光性。

彩青尺蛾 *Chloromachia gavissima*

尺蛾科 Geometridae　彩青尺蛾属 *Chloromachia*

识别特征：翅青色，有白色、黄色、棕红色等斑纹，前翅中线及内线波状白条纹，中线前端一棕斑，外缘附近 2 行白点，缘毛白色间青色，中室上有一白长点；后翅白色中线曲度更大，前端间以棕色，内线弧形白色，翅基白色间黄，中线外有棕红色及黄色条纹，只外缘附近 1/3 处青色，上有 2~3 行星状白点；翅反面大部分白色。

习性：成虫具有趋光性。

枯尺蛾 *Amblychia angeronaria*

尺蛾科 Geometridae　枯尺蛾属 *Amblychia*

识别特征：前翅长 40~47 mm。成虫身体及翅面枯黄色；雄蛾触角双栉形；前翅端鹰嘴形，翅端前缘有三角形白色斑，后翅外缘波浪形，中部突出；有 3 条纵向排列的褐色线，自前翅延伸至后翅，形成 3 个环状纹。前翅内线内缘伴有白色纹，最外侧的褐色线内侧有 3 个半圆形的白色斑；后翅的外线齿状。

习性：生活在中、低海拔山区。成虫出现于 4–7 月，白天可见停息于树干上，夜晚具有趋光性。

指眼尺蛾 *Problepsis crassinotata*

尺蛾科 Geometridae　眼尺蛾属 *Pogonopygia*

识别特征：成虫前翅长 19~20 mm（♂），或 18 mm（♀）。雄蛾触角锯齿形具纤毛簇，雌蛾线形具短纤毛。前翅前缘基部至外线黑灰色；眼斑圆形，斑上有 1 不甚完整的黑圈和稀疏银灰色鳞片，斑内有白色条状中点；缘毛端半部灰色。后翅眼斑色深，下半部小而圆，上端呈短棒状凸伸至 Rs 脉，内缘微凹，斑内有少量黑色，上半部有少量银灰色鳞，下半部有 1 暗银灰色圈。翅反面灰白色，眼斑深灰褐色，隐见翅端部灰纹。

习性：成虫见于中、高海拔山区，具趋光性。

丹腹新鹿蛾 *Caeneressa foqueti*

灯蛾科 Arctiidae　新鹿蛾属 *Caeneressa*

识别特征：触角黑，雄蛾双栉状，头、胸部黑色，额白色，颈板、翅基片黑色，翅基片基部具白斑，后胸具红带；腹部黑色，有蓝色光泽，第1~5节具红带；前翅黑色，带紫色光泽，具5个透明斑；后翅黑色，具1个透明斑。

习性：常见于低海拔河谷地带。成虫白天活动，夜间具有趋光性。

粉蝶灯蛾 *Nyctemera adversata*

灯蛾科 Arctiidae
蝶灯蛾属 *Nyctemera*

识别特征：头黄色，颈板黄色，额、头顶、颈板、肩角、胸部各节具1个黑点，翅基片具2个黑点；前翅前缘中央有1枚长条状的大白斑，翅膀后段具6条长短不一的平行条纹，外缘尚有3枚明显的白斑。后翅白色，中室下角处有1个暗褐斑，亚端线暗褐斑4~5个。

习性：生活于中、低海拔山区。寄主有柑桔、狗舌草、无花果，以及菊科植物。成虫外观似粉蝶，白天活动，喜访花，夜间亦具有趋光性。

乳白斑灯蛾 *Pericealllia galactina*

灯蛾科 Arctiidae
灯蛾属 *Pericealllia*

识别特征：翅展 66~76 mm（♂），或 80~100 mm（♀）。头顶白色，或染红色，胸部白色，颈板、记忆肩角、翅基片具有黑褐点，胸部具有黑褐色宽纵带，颈板具红边；腹部背面红色，背面、侧面具有黑点列；前翅白色或黄白色，后缘区具黑色宽带，内线黑带，从前缘内线处有 1 黑带斜向后缘带，与翅顶前到后缘的黑斜带相接，前缘外线处至中室外 1 短黑斜纹，与翅顶前的黑斜带相接；后翅橙黄色，基部染红色。

习性：生活在中、低海拔山区。成虫出现于春、夏两季，夜间具有趋光性。

延斑拟灯蛾 *Asota producta*

灯蛾科 Arctiidae　拟灯蛾属 *Asota*

识别特征：头部、复眼黑褐色，胸部橙黄色，胸部背面近中部有一黑点，肩部两侧各有 1 个小黑点；腹部橙黄色，各腹节基部有黑色环；前翅基部橙黄色，翅面橙色，翅脉白色，基部两侧各有 2 个小黑点；翅缘各有 3 个小黑点；翅中室有 1 个较大的黑点。中室外侧有一个长方形的白色斑纹，白色沿翅脉向外延伸。后翅橙黄色，具黑色斑纹。

习性：生活在中、低海拔山区。成虫夜间具有趋光性。

仿首丽灯蛾 *Callimorpha equitalis*

灯蛾科 Arctiidae
丽灯蛾属 *Callimorpha*

识别特征：头部红色；颈板黑色红边；翅基片墨绿色有闪光，两侧有黄毛；胸部橙黄色，具墨绿带；腹部背面红色，腹面黄色，背面有黑斑点；前翅墨绿色，前缘区有4个较大白色斑点，近基部和前缘区的斑点稍黄；后翅白色，翅脉为较浅的暗褐色。

习性：成虫夜间具有趋光性。

蝶形锦斑蛾 *Cyclosia papilionaris*

斑蛾科 Zygaenidae　蝶形锦斑蛾属 *Cyclosia*

识别特征：翅展41 mm（♂），或57 mm（♀）。雌雄异形。雄蛾体黑绿色无闪光，前翅紫褐色，翅外缘有一白色斜斑，由脉纹分隔成两个；后翅顶端褐色，基部稍绿，翅顶有三个白斑。雌蛾体蓝黑色，胸部有白斑，腹部有白环带，翅白色略淡黄，翅脉紫黑，前翅沿前缘蓝色。

习性：幼虫为害茄科、芸香科植物。成虫白天活动，喜欢在矮树林外开阔区域飞翔，似蝶。

蓝宝烂斑蛾 *Clelea sapphirina*

斑蛾科 Zygaenidae　烂斑蛾属 *Clelea*

识别特征：小型斑蛾，体翅均为黑色，并有蓝色斑纹，前翅前缘及外缘有一条细的蓝色线，从翅前缘 1/3 处向外角斜伸一条蓝色带，外侧有 3 条不规则蓝色带。

习性：生活在中、低海拔山区。成虫白天活动，喜访花。

云南旭锦斑蛾 *Campylotes desgodinsi*

斑蛾科 Zygaenidae

旭锦斑蛾属 *Campylotes*

识别特征：头、胸及腹蓝黑色，腹部下方有黄色带；前翅蓝黑色，前缘以下有 2 条红色长带，中室下侧有 3 条黄线，翅端半部布黄色斑。后翅蓝黑色，沿前缘有 1 红带，中室内有 2 个红斑及 4 个红黄斑，中室以下有 5 个红黄斑。

习性：幼虫以马尾松的叶为食，成虫白天活动。

白点帆锦斑蛾 *Histia albimacula*

斑蛾科 Zygaenidae　锦斑蛾属 *Histia*

识别特征：头小，红色，有黑斑。触角黑色，双栉齿状，雄蛾触角较雌蛾宽。前胸背面褐色，前、后端中央红色。中线背黑褐色，前端红色；近后端有2个红色斑纹，连成“U”形。前翅黑色，后面基部有蓝光，后翅亦黑色，后缘有一枚白色大圆斑；前、后翅反面基斑红色。

习性：成虫在夏季出现，白天活动，常在中午集群在溪边或水塘边吸水。

乌桕大蚕蛾 *Attacus atlas*

大蚕蛾科 Saturniidae　乌桕蚕蛾属 *Attacus*

识别特征：体长30~40 mm，翅展180~210 mm。体翅赤褐色；前、后翅内线和外线白色；内线内侧和外线外侧有紫红色镶边及棕褐色线，中间夹杂有粉红及白色鳞毛。前翅顶角显著突出，粉红色，中室端部有较大的三角形透明斑，在其前方还有1个长梭形小透明斑；外缘黄褐色并有较细的黑色波状线；内侧近前缘有1块半月形黑斑，下方土黄色有紫红色纵条，黑斑与紫条间有锯齿状白色纹相连。后翅内侧与前翅斑纹相似。

习性：幼虫以乌桕、樟、柳、冬青、桦木等为食。成虫具趋光性。

冬青大蚕蛾 *Archaeoattacus edwardsii*

大蚕蛾科 Saturniidae　冬青大蚕蛾属 *Archaeoattacus*

识别特征：翅展210 mm左右。体翅棕色；头橘黄色，胸部有较厚的棕色鳞毛，腹部第1节白色，形成1个腰间白环，前翅顶角显著突出，外缘黄色，内侧有斜向排列的黑斑3块，上面2块之间有白色闪电纹；内线及外线为较宽的白色带，外线与亚外缘线间赭红色，中间有白色粉状横带；中室端有长三角形透明色斑，斑的周围有黄色边缘，上方的边缘显著宽大；后翅的基部及前缘白色；中室端的三角形斑较狭。

习性：幼虫以樟、冬青和柳等为食，成虫6月出现，夜间具有趋光性。

樗蚕 *Philosamia cynthia*

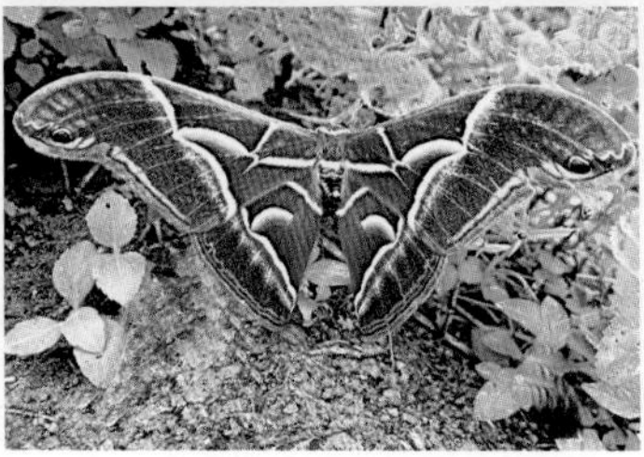

大蚕蛾科 Saturniidae
蓖麻蚕属 *Philosamia*

识别特征：体长25~30 mm，翅展127~130 mm，体褐色，胸部前方与后方各有一条白横纹，腹部有3纵排白斑。翅褐色。前翅顶角外凸呈“蛇头”形，凸起部分有1个眼形斑。外横线由黑、白、紫三色构成，横纹内侧有1个黑、灰、白、黄四色月牙斑，翅基部有白色“L”条纹，条纹拐弯处有2条白色细线向外伸出。后翅宽阔，无尾突，色斑与前翅近似，具2横线，中间1个横向月牙斑。

习性：主要以臭椿和乌桕的叶为食，兼食蓖麻、梧桐、冬青和香樟等树叶。成虫具趋光性。

柞蚕 *Antheraea pernyi*

大蚕蛾科 Saturniidae　柞蚕属 *Antheraea*

识别特征：体翅黄褐色，肩板及前胸前缘紫褐色；前翅前缘紫褐色，杂以白色鳞毛，顶角突出较尖；前翅及后翅内线白色，外侧紫褐色，外线黄褐色，亚端线紫褐色，外侧白色，在顶角部位白色更明显，中室末端有较大的透明眼斑，圆圈外有白色、黑色或紫红色线条轮廓；后翅眼斑四周黑线明显，其余部位与前翅相似。

习性：寄主植物有柞树、栎树、胡桃、樟、山楂等。成虫具有趋光性。

黄豹大蚕蛾 *Loepa katinka*

大蚕蛾科 Saturniidae　黄豹天蚕蛾属 *Loepa*

识别特征：翅展 80 mm 左右。体黄色，肩板及胸部前缘灰褐色；前翅前缘灰褐色，翅基橘黄色，内线褐色波状，外线、亚端线深褐色锯齿状，顶角粉红色，外侧有白色闪电纹，下方有黑斑，中室端有一眼纹，中间浅粉色，外围棕褐、赭黄及褐色轮廓；后翅色及斑纹与前翅同。

习性：寄主植物为粉藤和葛藤，一年发生一代，多以卵越冬。成虫具趋光性。

粤豹大蚕蛾 *Loepa kuangtungensis*

大蚕蛾科 Saturniidae　黄豹天蚕蛾属 *Loepa*

识别特征：体黄色，颈板及前翅前缘黄褐色，腹部两侧色稍淡；前翅内线紫红色，呈弓形，外线灰黑色波状，亚外缘线蓝黑色双行齿状，外缘线较浅灰色，顶角稍外突，下方有 1 个椭圆形黑斑，黑斑上方有红色及白色线纹；中室端有 1 个椭圆形斑，紫褐色，斑内套有小斑，大斑及小斑之间有灰褐色圈；后翅与前翅斑纹近似，只是近后缘有 2 块紫红色斑。

习性：分布于中、高海拔林区，成虫具有趋光性。

黄猫鸮目大蚕蛾 *Salassa viridis*

大蚕蛾科 Saturniidae　猫目大蚕蛾属 *Salassa*

识别特征：身体锈红色。前翅顶角尖，外缘弧形，顶角内侧有粉白色三角斑，中线赤褐，外线棕褐色弯曲，外线与中线间各脉当中有棕色横条；后翅色较前翅浅，中线棕色有白斑，外线棕色，中室有眼斑状，绿色透明斑与黑色相间，外有白线及黑线环绕橙黄色圆圈，外侧为赭红色，再外有黑色大圈。

习性：生活于中、高海拔林区，成虫具有趋光性。

黄珠大蚕蛾 *Saturnia anna*

大蚕蛾科 Saturniidae
黄珠大蚕蛾属 *Saturnia*

识别特征：身体棕紫色；颈板黄色，腹部第一节背板黄白色，各节间有灰黑色横线，侧板上有成排黑点；前翅棕褐色，满布黄色鳞粉，顶角突出，内侧靠近前缘有1个黑斑，内线粉黄色，弯曲，两侧有黑边，外线双行黑色波状，缘线灰色，在各脉通过处断开，亚外缘线与外缘线间有黄色区域；中室端有大圆斑，外围黑色，中间有小黑圆斑，黑斑中央有1条半透明缝，内侧有条状白纹。

习性：生活于中、高海拔林区，成虫具有趋光性。

月目大蚕蛾 *Caligula zuleika*

大蚕蛾科 Saturniidae　目大蚕蛾属 *Caligula*

识别特征：翅展135 mm，头棕黑色，颈板污黄，触角褐黄，胸部棕褐，腹部褐色，背部及两侧有棕黑色斑点，胸部与腹部间有白色横斑。前翅长三角形，棕色并有白色鳞片，翅基棕黑色，上方有白色钩形纹；顶角外突，黄白色，内侧有黑斑，黑斑下方至后缘中部有双行锯齿斜纹，斜纹外侧至外缘深棕色，内侧有白色及棕色相间的鳞片；中室有半月形斑，斑中有赭色弯线。后翅前缘紫红色，中室有紫黑色圆斑，中间有白色新月斑。

习性：栖息于中、高海拔山区，成虫具趋光性。

大尾大蚕蛾 *Actias maenas*

大蚕蛾科 Saturniidae
尾蚕蛾属 *Actias*

识别特征：雌虫翅展130 mm，雄虫体型略小，翅上斑纹有变异。体乳黄色，肩板及前胸前缘红褐色，中胸背部黄色。前翅前缘及外缘红褐色，内线黄褐向外倾斜，外线黄褐色呈锯齿形，不甚明显，中室端部有钩形纹1个，内侧黑色，间有灰白色纹，外侧橘黄色，后翅后角特别延长呈带状，长达8 cm，外缘褐色，内线不甚明显，外线波纹状，中室端有桃形斑，斑上方棕黑色，下方紫红色，外围有黄褐色轮廓。

习性：生活于低海拔地区，幼虫以樟、栗、枫杨等为食，成虫夜间具有趋光性。

红尾大蚕蛾 *Actias rhodopneuma*

大蚕蛾科 Saturniidae　尾蚕蛾属 *Actias*

识别特征：体杏黄色，前胸前缘有紫红色横纹；前翅杏黄色，前缘紫红色，基部粉红色并有较长绒毛，内线棕黄色向外倾斜，外线棕黄色；后缘稍向内折，外侧至外缘间粉红色，中室端有钩形斑1个，中央粉红色，内侧棕黑色，外侧橘红色，后翅与前翅色泽基本相同，尾突特别延长，达6~11cm，中室端有粉红色眼纹。

习性：幼虫以冬青等植物为食，1年发生2代，多以卵越冬，成虫6月、8月出现，具有趋光性。

绿尾大蚕蛾 *Actias ningpoana*

大蚕蛾科 Saturniidae　尾蚕蛾属 *Actias*

识别特征：体粉绿白色，头部、胸部及肩板基部前缘有暗紫色带；翅粉绿色，基部有白色绒毛，前翅前缘暗紫色，混杂有白色鳞毛，翅外缘黄褐色，外线黄褐色不明显；中室末端具1眼斑，中间有1长透明带，外侧黄褐色，内侧橙黄色，外侧黑色；后翅也有1个眼斑，形状、颜色与前翅相同，略小，尾状突长40 mm左右。

习性：寄主有柳、梨、杏、石榴、冬青、玉兰、香樟、银杏、苹果、枣、葡萄、杜仲等。一年发生2代，以茧越冬，成虫5–9月出现，具趋光性。

费浩波纹蛾 *Habrosyne fraterna*

波纹蛾科 Thyatiridae　浩波纹蛾属 *Habrosyne*

识别特征：翅形狭长，外缘弯曲；前翅有一条白色斜线将翅面分成两部分，白横线内侧灰绿色；外侧以茶色为主，有橙黄色区域，并带有白边。

习性：生活于低至高海拔山区。成虫全年可见，夜间具有趋光性。

台边波纹蛾 *Horithyatira takamukui*

波纹蛾科 Thyatiridae　边波纹蛾属 *Horithyatira*

识别特征：体棕褐色，颈部具棕黄色长毛，前胸、中胸背板及腹部4~5节均具棕色长毛，有光泽。前翅黑褐色，基部及臀缘区各具1对棕色斑，外圈白色；前翅中部也具1列棕色斑，由5个组成，中间一个较小；前翅内缘中部浅黄色；后缘棕色斑较小，近臀缘处两个斑较明显。后翅灰褐色，有光泽；后翅具棕黄色缘毛。

习性：生活于中、高海拔山区。成虫夏季出现，夜间具有具趋光性。

伊贝鹿蛾 *Ceryx imaon*

鹿蛾科 Ctenuchidae　伊贝鹿蛾属 *Ceryx*

识别特征：体、翅黑色，额黄色或白色，触角顶端白色，颈板黄色。腹基部与第5节有黄色横带。前翅前缘顶角及外缘黑色，中室端半部及下方有黑斑。后翅后缘黄色，中室至后缘有一透明斑，翅顶黑色缘宽。

习性：主要分布于低海拔山区，分布很广，一般昼行，白天停息于叶面、墙角或于花丛赏花吸蜜。少数趋光，活动迟缓容易被观察。

鬼脸天蛾 *Acherontia lachesis*

天蛾科 Sphingidae
鬼脸天蛾属 *Acherontia*

识别特征：头部棕褐色，胸部背面有骷髅形纹，眼纹周围有灰棕色大斑；前翅黑色有微小白点，且黄褐色鳞片散生，并由数条各色波状纹线条组成，后翅杏黄，有3条宽横带；腹部黄色，各节间有黑色横带。

习性：1年发生1代，以蛹过冬。幼虫以茄科、豆科、木犀科、紫葳科及唇形科植物等为寄主。成虫出现于4–10月，夜间具有趋光性；飞翔能力较弱，常隐居于寄主叶背，受到干扰，会在地面飞跳并发出吱吱的叫声。

黑长喙天蛾 *Macroglossum pyrrhostictum*

天蛾科 Sphingidae
长喙天蛾属 *Macroglossum*

识别特征：翅长23~25 mm。体翅黑褐色，头及胸部有黑色背线，肩板两侧有黑色鳞毛；腹部第1、2节两侧有黄色斑，第4、5节有黑色斑，第5节后缘有白色毛丛，端毛黑色刷状；腹面灰色至褐色，各纵线灰黑色；前翅各横线呈黑色宽带，近后缘向基部弯曲，外横线呈双线波状，亚外缘线甚细不明显，外缘线细黑色，翅顶角至6、7脉间有一黑色纹；后翅中央有较宽的黄色横带，基部与外缘黑褐色，后缘黄色；翅反面暗褐色，后部黄色，外缘暗褐色，各横线灰黑色。

习性：幼虫寄主为茜草科牛皮冻等植物。1年发生1代，以蛹越冬。成虫8–9月出现，白天活动，尤其是在晨昏活动，喜访花，飞行迅速。

红天蛾 *Deilephila elpenor*

天蛾科 Sphingidae　红天蛾属 *Deilephila*

识别特征：体翅红色与豆绿色相间，头及腹背绿色，但胸背及腹部背面、侧面有红色暗条。前翅豆绿色，但自前缘分别沿前缘、外缘及后缘中部各有红色线条，翅中近前缘有一白色斑点；后翅近基部的 1/2 为黑褐色，靠外缘的 1/2 为红色。

习性：一年发生 2~3 代。以蛹在浅土层中过冬。成虫出现于 6–10 月，具有趋光性。幼虫危害茜草科、凤仙科植物，如忍冬、柳叶菜、葡萄、爬山虎、地锦等。

梨六点天蛾 *Marumba gaschkewitschii*

天蛾科 Sphingidae
六点天蛾属 *Marumba*

识别特征：体翅棕黄色；触角棕黄色；胸部及腹部背线黑色，腹面暗红色；前翅棕黄色，各横线深棕色，弯曲度大，顶角下方有棕黑色区域，后角有黑色斑，中室端有黑点 1 个，自亚前缘至后缘呈棕黑色纵带。

习性：寄主为梨、桃、苹果、枣、葡萄、杏、李、樱桃和枇杷等。一年发生 2 代，以蛹在地下土室中过冬。成虫具有趋光性。

茜草白腰天蛾 *Daphnis hypothous*

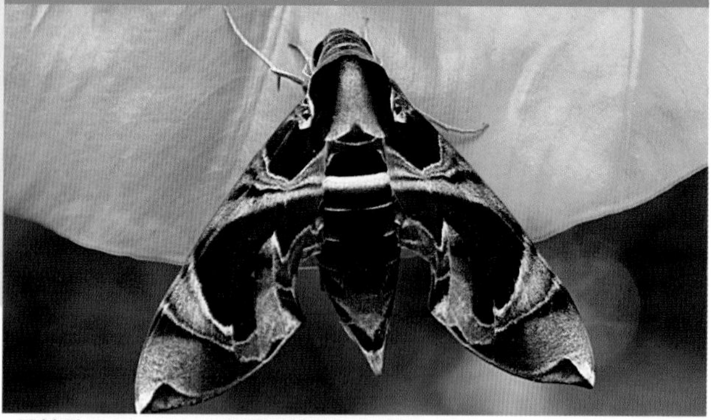

天蛾科 Sphingidae　白腰天蛾属 *Daphnis*

识别特征：头部紫红褐色；触角枯黄；胸部背板紫灰色，两侧棕绿色，后缘紫红色；腹部第1节背板棕绿色，第2节褐绿色，第4节以后各节粉棕色；胸部腹面中央白色，两侧紫红；前翅褐绿，基部粉白，上面有1个黑点，内线较直，褐绿色，内线与翅基间有1盾形斑，中线迂回度较大，近后缘形成尖齿状，外线白色，两侧褐绿色，顶角上方有1条白色斑，下方有1个三角形褐绿色斑。

习性：生活在中、低海拔山区。幼虫以金鸡霜树、钩藤属植物为食。成虫出现于4–9月，夜间具有趋光性。

霜天蛾 *Psilogramma menephron*

天蛾科 Sphingidae
霜天蛾属 *Psilogramma*

识别特征：体翅灰褐色，胸部背板两侧及后缘有黑色纵条及黑斑1对；从前胸至腹部背线棕黑色，腹部背线两侧有棕色纵带，腹面灰白色；前翅内线不显著，中线呈双行波状棕黑色，中室下方有黑色纵条两根，下面1根较短，顶角有1条黑色曲线。

习性：每年发生1~3代，以蛹在土室中过冬。幼虫以丁香、梧桐、女贞、梣树、泡桐、牡荆、梓树、楸树和水蜡树等植物为寄主。成虫夏季出现，具有趋光性。

条背天蛾 *Cechenena lineosa*

天蛾科 Sphingidae　背线天蛾属 *Cechenena*

识别特征：体橙灰色，头部及肩板两侧有白色鳞毛；触角背面灰白色，腹面棕黄色；胸部背面灰褐色，有棕黄色背线，腹部背面有棕黄色条纹，两侧有灰黄色及黑色斑，体腹面灰白色，两侧橙黄色；前翅自顶角至后缘基部有橙灰色斜纹，前缘部位有黑斑，翅基部有黑、白色毛丛，中室端有黑点，顶角黑色；后翅黑色有灰黄色横带。

习性：幼虫以何首乌、凤仙花和葡萄等植物为食。成虫夏季出现，夜间具有趋光性。

大背天蛾 *Meganoton analis*

天蛾科 Sphingidae　大背天蛾属 *Meganoton*

识别特征：头灰褐色；胸背发达，肩板外缘有较粗的黑色纵线，后缘有黑斑 1 对；腹部背线褐色，两侧有较宽的赭褐色纵带及断续的白色带；胸、腹部的腹面白色；前翅赭褐色，密布灰白色点；顶角斜线前有近三角形赭褐色斑；后翅赭黄，近后角有分开的赭黑色斑，并有不明显的横带至后翅中央。

习性：幼虫以梣树、檫树，以及木兰科植物为食。成虫具有趋光性。

鹰翅天蛾 *Oxyambulyx ochracea*

天蛾科 Sphingidae　鹰翅天蛾属 *Oxyambulyx*

识别特征：体翅橙褐色；背胸黄褐色，两侧浓绿褐色；腹部第 6 节的两侧及第 8 节的背面有褐绿色斑；前翅内线不明显，中线和外线呈褐绿色波状纹，顶角弯曲呈弓状似鹰翅，在内线部位近前缘及后缘处有褐绿色圆斑 2 个，后角内上方有褐绿色及黑色斑；后翅橙黄色，有较明显的棕褐色中带及外缘带，后角上方有褐绿色斑；前、后翅反面橙黄色，前翅外缘呈灰色宽带。

习性：幼虫主要以核桃科和槭树科植物为食。成虫具有趋光性。

斜纹天蛾 *Theretra clotho*

天蛾科 Sphingidae　斜纹天蛾属 *Theretra*

识别特征：体长 36~41 mm，翅展 75~85 mm，体黄绿色，翅黄褐色，前翅顶角尖锐，从翅顶角到翅后缘有 1 条明显的褐色斜线，近翅中部有 1 个黑色小斑。前翅后缘粉白色轮廓线显著。

习性：幼虫以木槿、白粉藤以及葡萄科植物为食。一年发生 1~2 代，成虫 6 月、8 月间出现，夜间具有趋光性。

构月天蛾 *Parum colligata*

天蛾科 Sphingidae　月天蛾属 *Parum*

识别特征：翅展66～90 mm；体翅褐绿色；胸部灰绿色，肩板棕褐色，各节间有环形横纹隐约可见。前翅基线灰褐，内线与外线间呈比较宽的茶褐色带，中室末端有1个明显白星，顶角有略呈圆形暗紫色斑，周边呈白色月牙形边，顶角至后角有弓形的白色宽带，后角有一长三角形褐绿色暗斑，自顶角内侧经中室白星达内线有棕黑色纵带，并在中室外分出一达前缘的小叉。后翅浓绿，外线色较浅，后角有1个棕褐色条斑。

习性：生活在中、低海拔山区。幼虫以构树为食。成虫出现于4–10月，夜间具趋光性。

绿带闭目天蛾 *Callambulyx rubricosa*

天蛾科 Sphingidae　绿天蛾属 *Callambulyx*

识别特征：翅展约78 mm。体墨绿色，触角污黄色。颈板及前胸背板常绿色；腹部线棕黑色，背面赭黄，腹面黄色；前翅绿色，翅基片灰色，自前翅前缘经中室有斜向后角的深绿色带，内线、中线及外线色深弯曲度大；后翅红色，外缘灰黄色，后角有闭合式眼斑，眼斑上方有黑色纹；前、后翅反面黄色，各横线褐绿色，前翅基部及中室附近红色。

习性：生活在中、低海拔山区。幼虫以榆树和柳树为食。成虫具有趋光性。

别彩虎蛾 *Episteme distincta*

虎蛾科 Agaristidae
彩虎蛾属 *Episteme*

识别特征：体长约25mm；翅展72mm。头部及胸部黑色，复眼后有黄斑，下唇须第2节基部与端部各一白点，翅基片有一黄斑，下胸前端有少许橙黄毛；腿节有橙黄毛；腹部桔红色，第一节黑色，其余各节有一黑横条；前翅黑色，基部有两列粉蓝点，内线由中室上嫩黄色方形斑与其后一嫩黄斑连成，外线由淡蓝斑点组成，3、4脉间与6、7脉间的斑最大，亚端线为一列白斑，在2~3脉间不显，翅外缘一列三角形蓝色小斑；后翅桔红色，基部黑色，中室端部有一黑圆斑，中室下角至后缘有一黑宽带，并外伸2黑条，端带黑色，前宽后窄，内缘大波曲，前、中部各一粉蓝点，近顶角一粉蓝斑。

习性：生活在中、低海拔山区。白天活动，喜访花。

眉魔目夜蛾 *Erebus hierglyphica*

夜蛾科 Noctuidae　魔目夜蛾属 *Erebus*

识别特征：头部、胸部及腹部黑棕色；前翅大部分黑棕色，亚端线外方色较淡，有暗棕色细纹，肾纹黄褐色黑边，后端及外缘有银白色纹，中线黑色，半圆形绕过肾纹至2脉基部。后翅黑棕色。雌蛾暗灰色，翅有黑棕色细纹，肾纹带白色，后翅可见黑棕色内线。

习性：生活于中、低海拔山区。成虫白天常在林下昏暗处停息，夜间具有趋光性。

色孔雀夜蛾 *Nacna prasinaria*

夜蛾科 Noctuidae
孔雀夜蛾属 *Nacna*

识别特征：体长约 17 mm，翅展约 33 mm。头部及胸部肉色，触角扁，微呈锯齿状，下唇须黑色，第 2 节端部白色，额白色，两侧有黑纹，复眼后方黑色，翅基片端部黑色，胸毛簇端部黑色；腹部褐色，毛簇黑色；前翅肉色，基部有 2 齿形红褐纹，其后端黑色，内线与中线之间带有黑色，形成斜曲宽带，中部间断，环纹褐色，肾纹白色，亚端线白色，内侧有几个黑点，前端有 1 个三角形黑纹，外侧在 6 脉处有 1 黑斑，端线为 1 列黑点，缘毛有 1 列黑点；后翅白色，亚端线前半为 1 黑色宽条。

习性：分布于中、高海拔山区。成虫具有趋光性。

黑蝉网蛾 *Glanycus tricolor*

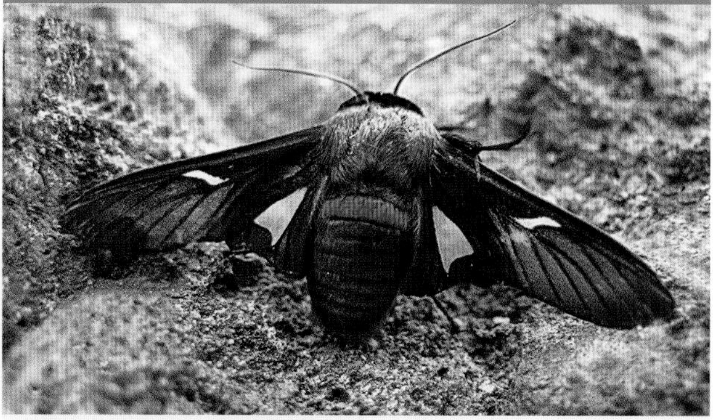

网蛾科 Thyrididae　蝉网蛾属 *Glanycus*

识别特征：头部、下唇须及触角黑色，雄、雌均为双栉多羽形，栉羽白色；身体背面黑色，胸部前缘、腹部第 1 节基末端有 3 条红色横带，胸部及腹部的侧板红色；足黑色；前足胫节内侧有距刺，中足及后足胫节较宽，后足胫节有距 2 对；前翅完全黑色，有蓝光，中室有 1 近长方形透明斑；后翅黑色，中室下方有红晕条纹，中室上有较大的盾形透明斑；前、后翅反面色斑与正面相同。

习性：分布于中、高海拔山区。幼虫以板栗等为食，成虫白天活动，夜间也具有趋光性。

三线拱肩网蛾 *Camptochilus trilineatus*

网蛾科 Thyrididae　拱肩网蛾属 *Camptochilus*

识别特征：前翅有褐色网纹，自顶角内侧至后缘中部有一棕色斜带，斜带上方内侧有一月牙形斑，斜线外侧有3条棕褐色细纹，内线及中线均呈棕褐色；后翅内线细呈弧形，中线较粗，中线外有2条细斜线。

习性：分布于中、高海拔山区。成虫具趋光性。

咖啡豹蠹蛾 *Zeuzera coffeae*

木蠹蛾科 Cossidae　豹蠹蛾属 *Zeuzera*

识别特征：头部及胸部白色，胸部背面有黑色斑点；触角基半部双栉形，栉齿细长，黑色，雌虫触角线形；腹部白色，背面及侧面有黑色斑点；前翅白色，前缘、外缘各有1列黑色斑点，翅的其余部分布满黑色斑点，除中室处斑点较远外，均为窄形；后翅亚中褶之前布满黑色斑点。

习性：寄主植物有咖啡、棉、樱、荔枝、蓖麻、茶、番石榴和龙眼等。成虫夏季出现，具有趋光性。

枭斑蠹蛾 *Xyleutes strix*

木蠹蛾科 Cossidae　枭斑蠹蛾属 *Xyleutes*

识别特征：头部及胸部黑褐色杂灰白色，雄蛾触角基半部双栉形，枝节长，黑色；腹部黑褐色，节间白色；前翅灰白色，前缘区基部一黑斑，近中部一列稍小黑斑，中室外有一较长黑斑，全翅密布黑色细纹，并常呈网状；后翅基部及后缘区污黑褐色，其余部分暗褐色，布有黑色网纹，前后翅外缘各有一列较大黑斑。

习性：生活在中、低海拔山区。成虫具有趋光性。

栎黄枯叶蛾 *Trabala vishnon*

枯叶蛾科 Lasiocampidae
黄枯叶蛾属 *Trabala*

识别特征：雌雄异型，雄蛾绿色，翅展40~58 mm，腹部和后翅后半部浅绿色。雌蛾53~85 mm，绿色，由中室到内缘呈一大型褐斑；后翅有一条明显的由黄褐色点组成的横线，后缘有1个三角形褐色斑，前后翅缘毛褐色。

习性：寄主为栎类、板栗、核桃、苹果等，以幼虫取食叶片，严重时常将树叶吃光。

云南松毛虫 *Dendrolimus houi*

枯叶蛾科 Lasiocampidae
松毛虫属 *Dendrolimus*

识别特征：体翅有灰褐色、黄褐色、棕褐色等色泽；雌蛾前翅较宽，外缘呈弧形凸出，前翅具有深褐色弧形线条，亚外缘斑列黑褐色，5、6两斑最大，外横线呈稀齿状，中室下部浅灰色，中室端白点明显；后翅斑纹不明显，外半部色深。雄蛾体色较雌蛾深，一般前翅4条横线不明显，黑褐色亚外缘斑列较清楚。

习性：生活于海拔1000 m以上地区，在云南一年发生2代，以幼龄幼虫越冬。幼虫主要为害云南松、高山松、思茅松、侧柏和柳杉等。常与思茅松毛虫同时发生，成虫具有趋光性。

外曲线枯叶蛾 *Arguda pseudovinata*

枯叶蛾科 Lasiocampidae
线枯叶蛾属 *Arguda*

识别特征：体及前翅淡黄褐色至灰褐色，并散布赤褐色鳞片。翅中间呈3条褐色斜线，内侧2条斜直，外侧1条曲折略呈齿状，中室端紧靠内斜线的小黑点明显。触角淡黄色，羽枝灰黄色，胸背和腹背前4节中间呈赤褐色。

习性：生活在中、低海拔山区。成虫5月出现，具有趋光性。

青球箩纹蛾 *Brahmophthalma hearsyi*

箩纹蛾科 Brahmaeidae　球箩纹蛾属 *Brahmophthalma*

识别特征：体青褐色。前翅中带底部球状，上方有3~6个黑点，中带顶部外侧呈内凹弧形，弧外是1圆灰斑，上有4横行白色鱼鳞纹，中带外侧有6~7行箩筐纹，翅外缘有7个青灰色半球形斑，其上方有3粒向日葵籽形斑，中带内侧与翅基间有6纵列青黄色条纹；后翅中线曲折。体黑色加褐边，中、后胸背板灰褐色，腹面有节间横条。

习性：幼虫以木犀科女贞属植物为食。成虫夏季出现，具有趋光性。

肖媚绿刺蛾 *Parasa pseudorepanda*

刺蛾科 Limacodidae　绿刺蛾属 *Parasa*

识别特征：体色较暗，头和胸背暗红褐色纵纹较宽；前翅基斑在12脉上呈一缺刻，在中室上缘较圆钝，外缘带从前缘到后缘大致同宽，带内全部蒙上一层银色雾点，中央有一暗横带把外缘带分成二等分，带内缘银边与外缘平行；后翅呈红褐色。

习性：生活在中、低海拔山区。成虫7–8月出现，具有趋光性。

丽绿刺蛾 *Parasa lepida*

刺蛾科 Limacodidae　绿刺蛾属 *Parasa*

识别特征：头部和胸背绿色，中央有1褐色纵纹向后延伸至腹背；腹部黄褐色；前翅绿色，基斑紫褐色，呈尖刀形，从中室向上约延伸占前缘的1/4，外缘带宽，从前缘向后渐宽，灰红褐色，其内缘弧形外曲；后翅内半部黄色略带褐色，外半部褐色渐浓。

习性：幼虫寄主包括茶、梨、柿、枣、桑、油茶、油桐、苹果、芒果、核桃、咖啡和刺槐等。成虫夜间具有趋光性。

四斑绢野螟 *Diaphania quadrimaculalis*

螟蛾科 Pterophoridae　绢野螟属 *Diaphania*

识别特征：头部淡黑褐色，两侧有细白条；触角黑褐色；下唇须向上伸，下侧白色，其他黑褐色；胸部及腹部黑色，两侧白色；前翅黑色，有4个白斑，最外侧一个延伸成4个小白点；后翅底色白色有闪光，沿外缘有1黑色宽缘。

习性：生活在中、低海拔山区。成虫夏季出现，具有趋光性。

赭缘绢野螟 *Diaphania lacustralis*

螟蛾科 Pterophoridae　绢野螟属 *Diaphania*

识别特征：体褐黄色；头部褐黄色，有褐色条纹，额中央有一褐色纵条；触角黄褐色；翅基片褐黄色，有细点状鳞片；胸部褐黄色，足白色，前足腿节有2条赭色横带，各足胫节一侧褐色，跗节各节末端有1褐色点；腹部褐黄色，有褐色纵条纹散布于各腹节间；翅半透明，底色褐黄，斑纹占翅面大部分；前翅有5条褐黄色带，后翅珍珠白色，半透明，有茶褐色外缘，缘毛白色。

习性：生活在中、低海拔山区。成虫7–10月出现，具有趋光性。

裳凤蝶 *Troides helena*

凤蝶科 Papilionidae

裳凤蝶属 *Troides*

识别特征：翅展140~160 mm。雌雄差异较大，雄蝶前翅全黑，仅翅脉两侧泛灰白色，金黄色后翅面有相连的黑色缘斑；雌蝶前翅类似于雄蝶，但翅脉两侧的灰白色饰条更明显；亚外缘带有相连的黑色斑列，肛角处的2~3室缘斑内侧不染黑色。

习性：幼虫以马兜铃科植物耳叶马兜铃等为食。成虫飞行缓慢，访乔木上层的花，中午炎热时会在山间洁净的溪边吸水。

金裳凤蝶 *Troides aeacus*

凤蝶科 Papilionidae
裳凤蝶属 *Troides*

识别特征：翅展 150~170 mm，本种为中国最大的蝴蝶。体黑色，头颈和胸侧有红毛，腹部黄色，间以黑色横斑。前翅黑色，有白色条纹；后翅金黄色，斑纹黑色；后翅无尾突，其外缘较平直；雄蝶正面沿内缘有褶皱，内有发香软毛（性标），并有灰白色长毛。前翅狭长，中室狭长，长约为翅长的 1/2。后翅短，近方形；中室长约为翅长的 1/2。雌蝶体型稍大，前翅面与雄雄蝶相似，仅中室内有 4 条纵纹较雄蝶明显。本种与裳凤蝶的区别在于本种雄蝶后翅缘斑内侧有黑色鳞，雌蝶缘斑与亚缘斑不相连。

习性：幼虫以马兜铃科耳叶马兜铃、彩花马兜铃、港口马兜铃等植物为食。成虫飞行缓慢，访乔木上层的花，中午炎热时会在山间洁净的溪边吸水。

暖曙凤蝶 *Atrophaneura aidonea*

凤蝶科 Papilionidae　曙凤蝶属 *Atrophaneura*

识别特征：翅展 100~120 mm。雄蝶前翅灰褐色，翅脉间与翅室内的黑色纵条显著。后翅浓黑，后缘褶桃形，白色。雌蝶前翅色较黑。本种雄蝶似曙凤蝶，但两性后翅反面无红斑。

习性：幼虫以马兜铃科马兜铃属植物为食。

瓦曙凤蝶 *Atrophaneura varuna*

凤蝶科 Papilionidae
曙凤蝶属 *Atrophaneura*

识别特征：翅展90~135 mm。体背黑色，两侧及腹面多红色。前翅灰褐色，黑线条状。后翅黑褐，狭长，无尾突。翅反面无红色斑纹。

习性：幼虫以马兜铃科马兜铃属植物为食，卵单产于寄主植物的叶背面，幼虫在叶背面活动。成虫喜在林缘光线较少的区域活动。

窄曙凤蝶 *Atrophaneura zaleuca*

凤蝶科 Papilionidae
曙凤蝶属 *Atrophaneura*

识别特征：翅展80~110 mm。前翅黑褐色。后翅狭窄，无尾突，亚外缘具3个齿形白斑，反面近前缘另有1个小白斑。本种凤蝶以其后翅狭窄、亚外缘具白斑等特征区别于曙凤蝶属其他种。

习性：幼虫以马兜铃科马兜铃属植物为食。

短尾麝凤蝶 *Byasa crassipes*

凤蝶科 Papilionidae　麝凤蝶属 *Byasa*

识别特征：翅展 90~130 mm。前、后翅特别狭长，后翅末端加阔，尾突很短；雄蝶无斑纹，雌蝶有 6 个红斑。

习性：多生活于山坡丛林内郁闭度小于 0.7 且林下有灌木分布的林间小路、林窗边缘。幼虫以马兜铃科马兜铃属植物为食。

白斑麝凤蝶 *Byasa dasarada*

凤蝶科 Papilionidae　麝凤蝶属 *Byasa*

识别特征：翅展 120~140 mm，头、颈项、胸腹两侧红色；后翅狭长。有刺激性气味。雄蝶前翅面褐黑色，翅脉黑色，后翅第 2~3 室有红色月牙斑，第 4~5 室有白色块斑；第 4 脉末端有一红斑。翅里与翅面类似，但前翅里颜色更淡；第 1 室内还有一红色点斑。

习性：幼虫以马兜铃科马兜铃属、木防己属植物为食。成虫于 5–8 月出现，在茂密的森林中飞行，在海拔 500~2000 m 均有发现。

多姿麝凤蝶 *Byasa polyeuctes*

凤蝶科 Papilionidae　麝凤蝶属 *Byasa*

识别特征：翅展 110~130 mm，翅蓝黑色，头、颈、胸侧、腹面和腹侧均为红色。后翅尾突呈匙形弯曲。前翅翅面暗黑色，翅脉两侧呈灰色条；后翅狭长，亚缘区 2~4 室内和外缘区第 3、4 脉末端均有红色点斑，第 4 脉末端的红斑被脉分成两部分，中部有一小白斑，向前缘方向还有个更大的白斑。翅里与翅面类似；中区小白斑有红色边饰。雌雄斑纹相似；雌蝶体形较大，前后翅较为圆钝。

习性：幼虫以马兜铃科的耳叶马兜铃、云南马兜铃、琉球马兜铃、港口马兜铃、高氏马兜铃、宝兴马兜铃、异叶马兜铃、蜂巢马兜铃、台湾马兜铃等马兜铃属植物为食。

红珠凤蝶 *Pachliopta aristolochiae*

凤蝶科 Papilionidae
珠凤蝶属 *Pachliopta*

识别特征：翅展 80~110 mm。体背黑色，颜面、腹侧及尾端多红毛。前翅灰色，翅脉、中室及脉间条纹与翅缘黑褐色，后翅黑褐色；中室外方具 3~5 个平行白斑，翅前缘有 6~7 个黄褐色或粉红色斑。

习性：幼虫以马兜铃科马兜铃属的耳叶马兜铃、大叶马兜铃等植物为食。

斑凤蝶 *Chilasa clytia*

凤蝶科 Papilionidae
斑凤蝶属 *Chilasa*

识别特征：翅展 90~120 mm。翅黑色，具乳白色条斑。前翅面自基部放射状排列 3 条乳白色条斑，其中一条宽而长，并在第一室被切断。外缘和亚缘带各有一列点斑。后翅正面各室均有白条，从基部向外呈放射状排列；中室顶端另有尾部内凹的白条斑向外放射排列，各白条在亚缘有白斑。第 2~5 室白条后有新月斑，臀角处有橘黄色点斑，而其余翅室有白点斑。

习性：幼虫以樟科钝叶桂、大叶桂、潺槁木姜子、玉兰叶木姜子等为食。栖于低海拔平地及丘陵地。

褐斑凤蝶 *Chilasa agestar*

凤蝶科 Papilionidae　斑凤蝶属 *Chilasa*

识别特征：翅展 100~120 mm。翅白色或青灰色。雄蝶翅正面沿翅脉加黑，前翅顶角黑色，外缘和亚外缘具黑线纹，中室有 3 条纵行黑线；后翅外缘波浪状，外缘及亚外缘各具狭窄黑带，中室外方有 1 条短黑带，中室内具 2 条黑纵线纹，臀角附近棕褐色，后缘凹陷。雄蝶翅反面似正面，但翅顶角、外缘及后翅整个翅面棕褐色。雌蝶较雄蝶翅色深，但后翅反面为棕褐色。

习性：幼虫以樟树、楠木、牛樟、大叶楠、红楠、香楠和芳香润楠等樟科植物为食。

翠蓝斑凤蝶 *Chilasa paradoxa*

凤蝶科 Papilionidae
斑凤蝶属 *Chilasa*

识别特征：翅展120~150 mm。头、胸和腹部蓝黑色，具白色斑点。翅褐色，有蓝色闪光。前翅外缘具白色斑列，亚外缘具蓝色短楔状斑列，中室末端有1个蓝白斑；后翅外缘边波浪形，有细的白斑1列。反面蓝色色调减弱。雌蝶翅多棕色。

习性：生活在中、低海拔山区。幼虫取食香樟等樟科植物。成虫5–8月出现，吸食花蜜，喜滑翔，速度较缓慢。

美凤蝶 *Papilio memnon*

凤蝶科 Papilionidae
凤蝶属 *Papilio*

识别特征：翅展120~145 mm。雄蝶无尾突，翅面呈灰蓝色，内半部分色较深；前、后翅基部红色。雌蝶比雄蝶体型大，分为有尾型和无尾型；无尾的雌蝶中，后翅白斑又有多种变化。

习性：幼虫以芸香科柑橘属（柚子、柑桔、花椒等）植物、双面刺、食茱萸为食。成虫爱访花采蜜，雄蝶飞翔力强，很活泼，多在旷野地区狂飞。雌蝶飞行缓慢，常滑翔式飞行。成虫全年出现，主要发生期为3–11月。成虫常出现在庭院花丛中，还经常按固定的路线飞行而形成蝶道。

蓝凤蝶 *Papilio protenor*

凤蝶科 Papilionidae
凤蝶属 *Papilio*

识别特征： 翅展 110~130 mm。翅黑色，有靛蓝色天鹅绒光泽。雄蝶后翅正面前缘有白色带纹，臀角有外围带红环的黑斑；后翅反面外缘有几个弧形红斑，臀角具 3 个红斑。雌蝶后翅正面臀角外围有带红环的黑斑 1 个及弧形红斑 1 个；后翅反面与雄蝶相同。本种蝶类在南方分旱季型和湿季型，前者体型较小，后者体型较大。本种似美凤蝶，但雌蝶前翅基无红斑，雄蝶后翅前缘有白带。

习性： 幼虫寄主为芸香科的簕档花椒、竹叶椒、柑桔类等，以及两面针、黄叶树属植物。成虫常活动于林间开阔地，喜欢访花，飞行较迅速，路线不规则。

玉带凤蝶 *Papilio polytes*

凤蝶科 Papilionidae
凤蝶属 *Papilio*

识别特征： 翅展 80~90 mm。翅黑色，前翅外缘有 7 个白斑；后翅外缘呈波状，凹陷处有白边；中部 7 个白斑组成横带。雄蝶前翅外缘镶有 9 个乳头状白斑，从后角到顶角，白斑渐次变小；后翅外缘有 7 个月牙斑。第 4 脉延伸呈尾突。雌蝶有两种类型：一种前后翅白斑与雄蝶相似，但后翅外缘或后缘角有半月形红斑，或仅后缘角有一个深红色的眼球状斑；另一种后翅靠外缘处有一列半月形的深红色斑，翅中有白斑。

习性： 幼虫以芸香科柑橘属、花椒属等植物为食。

玉斑凤蝶 *Papilio helenus*

凤蝶科 Papilionidae
凤蝶属 *Papilio*

识别特征：翅展 110~120 mm，体、翅黑色，具匙状尾突。后翅中域（5~7 室内）有 3 个白斑。后翅亚缘有一列不完整的红色斑纹，呈新月形或“U”形，臀角处有圆形红色斑 1~2 个。雌蝶颜色浅褐色。

习性：幼虫以芸香科柑橘属（柚、柑橘、香橼）、花椒属（竹叶椒、双面刺）、吴茱萸属（臭辣吴茱萸、楝叶吴茱萸、食茱萸）、黄檗属（川黄檗）和飞龙掌血属（飞龙掌血）等植物为食。成虫在低海拔河谷地带、林区和农区都能见到，尤以柑橘园附近最多。飞行急速，喜访马缨丹、臭牡丹和柑橘类植物的花。

宽带凤蝶 *Papilio nephelus*

凤蝶科 Papilionidae　凤蝶属 *Papilio*

识别特征：翅展 90~100 mm。体、翅黑色，具匙状尾突。前翅中域（4~7 室内）有 4 枚白色条斑。后翅里亚缘有一列不完整的黄色新月斑纹。雌蝶翅斑纹比雄蝶翅更清晰、粗大。

习性：幼虫以芸香科柑橘属、爪哇双面刺、食茱萸（樗叶花椒）、飞龙血掌、楝叶吴茱萸（贼仔树）、胡椒、勒党花椒等植物为食。成虫常沿山路飞行，也见于花上和水边。

衲补凤蝶 *Papilio noblei*

凤蝶科 Papilionidae　凤蝶属 *Papilio*

识别特征：翅展 110~120 mm。体、翅黑色。后翅亚前缘区有 1 多角形白色或黄色大斑，臀角具环状红斑；后翅反面色较淡，除正面所具斑纹外，外缘尚具锯齿状红斑列。

习性：成虫在夏季 6–7 月出现，正午常在森林中河流边潮湿的沙地上吸水，惊飞后迅速飞向树顶，约半小时后返回原地，喜访马樱丹等植物的花。

巴黎翠凤蝶 *Papilio paris*

凤蝶科 Papilionidae
凤蝶属 *Papilio*

识别特征：翅展 100~130 mm。体、翅具翠绿鳞片，闪金绿光彩。前翅近外缘 1~5 翅室各有 2 个由密集翠绿鳞片组成的斑点，呈一条直线，似带纹。后翅中室外有一个碧蓝色大块斑，在强光照射下闪映出青蓝或孔雀绿色彩，亚缘外有完整的红色或黄色新月纹列。在臀角有一环纹，中心黑色，围以珠红半环，尚夹有灰白色，第 4 脉具一尾突。

习性：幼虫的主要寄主植物柑橘属、花椒属、吴茱萸属、飞龙掌血属等植物为食。

碧凤蝶 *Papilio bianor*

凤蝶科 Papilionidae　凤蝶属 *Papilio*

识别特征：翅展 80~130 mm。体和翅黑色，其上满布金绿色鳞片；前翅端半部色淡，翅脉间多散布黄色和蓝色鳞；后翅基半部鳞片泛蓝色，端半部绿色，有红色和蓝色构成的新月斑。亚外缘有 6 个粉红色和蓝色飞鸟形斑，臀角有 1 个半圆形粉红色斑，翅中域，特别是近前缘形成大片蓝色区。反面色淡，斑列明显。

习性：幼虫以芸香科的楝叶吴茱萸、食茱萸、飞龙掌血、柑橘、花椒、黄檗等植物为食。成虫喜访白色系的花，也喜在臭水沟处群聚嬉戏，飞行迅速，路线不规则，警觉性高。

窄斑翠凤蝶 *Papilio arcturus*

凤蝶科 Papilionidae　凤蝶属 *Papilio*

识别特征：翅展 120~130 mm。触角、头部、胸部和腹部黑色。雌蝶前翅黑绿色，各翅脉两侧有翠绿色条纹。后翅黑色，有蓝色纹，最后变成绿色，并散布有 4 个环链珠形紫色斑点；雄蝶前翅黑绿色略透，各翅脉两侧有绿色条纹。后翅黑绿色，有亮蓝色纹，最后变成金黄色，且有 4 个紫色斑点。该蝶背面黑色，前翅有白色纹，后翅有 7 个紫色斑点链。

习性：幼虫以芸香科毛刺花椒、柑桔和吴茱萸等。成虫主要发生在 4–10 月；飞行较慢，喜滑翔飞行；多于晨间黄昏时飞至野花吸食花蜜。

达摩凤蝶 *Papilio demoleus*

凤蝶科 Papilionidae
凤蝶属 *Papilio*

识别特征：翅展 80~100 mm。体、翅黑色。翅面布满乳黄色斑纹，基部点斑更黄。前翅基部有横列的点线，中室端半部斑点 3 个，各翅室有大，小斑点 2 排，基部的一排极不整齐，外缘镶有半月形斑点 8 个。后翅前缘有一蓝黑色眼状斑；基半部通过中室有一由斑块组成的宽阔横带，端半部有一列亚缘斑点，靠近臀角有一块圆斑，上缘粉青色，下部红色。在 7 室的中部有一块大黑斑，内缘也呈粉青色。

习性：一年发生多代，以蛹越冬。幼虫以豆科（蝶形花科）的补骨脂属，芸香科的柑橘属、花椒属、飞龙掌血属、吴茱萸属、金橘属、酒饼簕属等植物为食。成虫飞行快速，喜访花，喜潮湿，常在水边、池塘附近活动。

柑橘凤蝶 *Papilio xuthus*

凤蝶科 Papilionidae
凤蝶属 *Papilio*

识别特征：翅展 75~90 mm。前翅中室内有 4 条间断的淡黄色纵纹，端部有同色横斑 2 枚，脉间有浅黄斑纹。前后翅外缘有黑色宽带，其中嵌有 14 枚绿黄色新月斑。雌雄斑纹相似，但雌蝶后翅前缘有一黑色短纹，雄蝶翅则为一黑色圆斑，外缘有 8 个月牙斑。后翅中室大黄斑近菱形，室外环列 8 个黄斑，外缘有月牙斑 6 个，臀角有橙色圆纹，中心黑色；有尾突。

习性：幼虫以芸香科的柑橘属、花椒属、黄檗属等植物为食。成虫产卵在寄主植物的幼株上，老熟幼虫化蛹后，越冬蛹黄褐色，非越冬蛹为绿色。成虫常出现于空旷地或疏林中，经常在湿地吸水或花间采蜜。

金凤蝶 *Papilio machaon*

凤蝶科 Papilionidae
凤蝶属 *Papilio*

识别特征：翅展 80~100 mm。体黄色，从头部至腹末具 1 条黑色纵纹，雄蝶较雌蝶宽。腹部腹面有黑色细纵纹。前翅底色黄色，有黑色斑纹；后翅内半黄色，翅脉黑色，外半黑色，后中域具 1 列不明显的蓝雾斑，臀角具 1 橘红圆斑。

习性：分布范围较广，每年发生代数因地而异，在高寒地区每年通常发生 2 代，温带地区一年可发生 3~4 代。幼虫以伞形科（茴香、胡萝卜、芹菜等）和当归属植物的花蕾、嫩叶和嫩芽梢为食。

燕凤蝶 *Lamproptera curia*

凤蝶科 Papilionidae　燕凤蝶属 *Lamproptera*

识别特征：翅展 30~40 mm。后翅折叠，尾突特别长如燕尾。前翅呈直角三角形，中后区有一透明的白色三角形块斑，白斑内翅脉黑色可见；亚基部有一白条纹从前缘斜贯至臀缘，并延伸至后翅第 3 脉。后翅其余部分为黑色；臀缘皱褶，皱褶内密布白色长毛。

习性：幼虫以莲叶桐科青藤属的青藤、宽药青藤、心叶青藤等植物为食。成虫夏季出现，常在溪流边集群吸水，飞行十分迅速。喜访花吸蜜，在吸蜜前不停振动双翅，尾部亦摆动不停，停在花上时腹部高高翘起。

绿带燕凤蝶 *Lamproptera meges*

凤蝶科 Papilionidae　燕凤蝶属 *Lamproptera*

识别特征：翅展40~50 mm。外形独特，突出特征是有长而宽的折叠尾和较长的触角。头宽、胸粗、腹部不长于胸部。前翅直角形。后缘较外缘短，亚基部有一透明绿带与后翅中区透明带（绿色）相连；后翅窄而长，折叠成一个很长的尾，其端缘呈绿色。雄和雌相似，仅雌在腹部腹面尾端前有一大的交配槽。本种与燕凤蝶十分近似，其主要区别是本种前后翅翅面有一条翠绿色或粉蓝色斜带。

习性：幼虫以莲叶桐科青藤属的青藤、宽药青藤、心叶青藤等植物为食。成虫的活动与燕凤蝶相似。

青凤蝶 *Graphium sarpedon*

凤蝶科 Papilionidae　青凤蝶属 *Graphium*

识别特征：翅展80~90 mm。体黑色，腹侧横走两条白线，翅狭长，黑色，无尾状凸起。雄前翅顶角经臀缘中部嵌入一条逐渐变宽的绿蓝色中带，这条中带继续延伸到后翅后缘，末端斑呈一长三角形。后翅外缘具绿蓝色新月状斑列，臀缘基半部具明显的香鳞皱褶，内生有绒状白毛。雌蝶翅更宽，色泽更淡。

习性：幼虫以樟科、大戟科、番荔枝科植物为食。成虫喜访花，常见于水边潮湿的沙滩上吸水，飞行迅速。

银钩青凤蝶 *Graphium eurypylus*

凤蝶科 Papilionidae　青凤蝶属 *Graphium*

识别特征：翅展 75~90 mm。体背面黑色，腹面灰白色。翅黑色或浅黑色，斑纹淡绿色；前翅中室有 5 枚粗细、长短不一的斑纹；亚外缘区有 1 列小斑。后翅前缘斑灰白色，基部分离出 1 枚三角形小白斑；紧接其下还有 2 枚长斑，走向臀角；亚外缘区有 1 列小斑；外缘波状，波谷镶白边。翅反面黑褐色，部分斑纹银白色。

习性：幼虫以番荔枝科番荔枝属、银钩花属、暗罗属植物如牛心果、刺果番荔枝、银钩花、暗罗等为食。

碎斑青凤蝶 *Graphium chironides*

凤蝶科 Papilionidae　青凤蝶属 *Graphium*

识别特征：翅展 75~90 mm。翅褐色，斑纹淡绿色或浅黄色。前翅有 3 列斑纹；1 列在中室内，5 个斑纹；1 列在亚外缘，约 10 个小斑；第 3 列在两列之间为长形斑，从前缘至后缘逐渐增大。后翅亚外缘为 1 列点状斑，翅基半部为 6 个长短不一的淡绿色斑点。

习性：幼虫以木兰科含笑属、鹅掌楸属、木兰属等植物为食。成虫喜访花，也常在水边沙滩上吸水，飞行迅速。

统帅青凤蝶 *Graphium agamemnon*

凤蝶科 Papilionidae
青凤蝶属 *Graphium*

识别特征：翅展 80~120 mm，翅面遍布多列黄绿色斑点。胸背面黑色，腹面乳白色；腹部腹面乳白色。雄蝶后翅缘内生有长毛，有短尾；雌蝶体型更大，尾突相对更长。

习性：幼虫以木兰科含笑属、洋玉兰、白兰花、乌心石，番荔枝科的番荔枝属（番荔枝、山刺番荔枝）、鹰爪花属（鹰爪花）、越南酒饼叶、紫玉盘等植物为食。1 年发生多代，以蛹越冬。成虫春夏秋季出现，飞行快速，喜欢访红色系的花，特别爱吸马缨丹属植物的花蜜。

宽带青凤蝶 *Graphium cloanthus*

凤蝶科 Papilionidae　青凤蝶属 *Graphium*

识别特征：翅展 85~95 mm。翅黑褐色。前、后翅中部有 1 串长方形的浅绿色斑组成的宽阔中域带；前翅中室有 2 个浅绿色斑；后翅亚外缘有 1 列浅绿色斑。翅反面似正面，但后翅基部、翅中部及臀角处有红色短线，前翅亚缘有 1 条淡色横线。雌雄同型，雌蝶体型较大，雄蝶后翅内缘上卷。

习性：幼虫以樟科润楠属（芳香润楠）、樟属（樟树）等植物为食。1 年发生多代，以蛹越冬。成虫喜在高的树顶吸食花蜜，飞行迅速。

客纹凤蝶 *Paranticopsis xenocles*

凤蝶科 Papilionidae　纹凤蝶属 *Paranticopsis*

识别特征：翅展 85~120mm。体翅黑褐色，前后翅脉间充满白色条状斑纹，前翅中室斜走 4 条白纹，第 3 条纹呈 "？" 状，亚外缘有青白色斑列，中室端有两个圆形白斑。左右肛角各有 1 个黄色斑。本种似纹凤蝶，但后翅外缘较黑化，后翅中室端部无黑色斜线。

习性：成虫 3 月出现，多在高山的路旁、小河边及山谷的灌木丛中活动。

绿凤蝶 *Pathysa antiphates*

凤蝶科 Papilionidae
绿凤蝶属 *Pathysa*

识别特征：翅展 70~80 mm。翅正面乳白色，半透明；前翅外缘有 3 条黑色纵纹，基部有 2 条黑纵条，从前缘贯通至后缘，另从前缘发出 4 条黑纹纵贯中室。后翅外缘至后缘共 6 条黑带，均达臀角处；尾突基部黑色，肛角处有 2 个相连的桔黄块斑；尾突细长如剑。

习性：幼虫以番荔枝科假鹰爪属、番荔枝属、紫玉盘属（如大花紫玉盘）、越南酒饼叶等植物为食。成虫飞行迅速，喜访花，亦常见于林缘溪流边沙滩上吸水。

红绶绿凤蝶 *Pathysa nomius*

凤蝶科 Papilionidae　绿凤蝶属 *Pathysa*

识别特征：翅展 75~90 mm。翅淡绿色。前翅外缘和亚外缘有宽黑带，夹 1 列白色点斑，中室和中室端有 5 条黑色宽带，基部的 2 条穿达后缘；后翅外缘和亚外缘亦为宽黑带，内有白色新月斑列，2 条黑带从前缘基半部斜穿翅面至臀角附近，端部显弧形红斑。翅反面似正面，但黑色较淡，后翅的红斑明显。尾突细长。

习性：幼虫以番荔枝科番荔枝属、暗罗属，以及豆科植物为食。成虫飞行迅速，喜访花，亦常见于林缘溪流边沙滩上集群吸水。

钩凤蝶 *Meandrusa payeni*

凤蝶科 Papilionidae
钩凤蝶属 *Meandrusa*

识别特征：翅展 110~130mm。雌雄异型。雄蝶前翅顶角向外钩状突出，尾突也向外弯成钩状。翅赭黄色，翅面散有褐色粗点，外缘及亚外缘有模糊褐色斑 3 列，在前翅后部与后翅前部合并成 2 列。

习性：生活于中、低海拔的山区。成虫见于密林中溪流边沙滩上吸水。

迁粉蝶 *Catopsilia pomona*

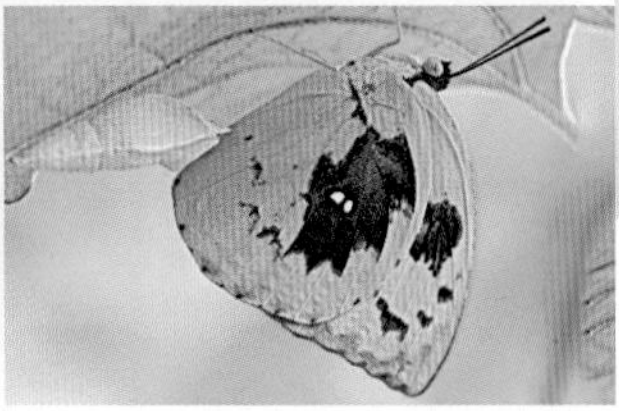

粉蝶科 Pieridae　迁粉蝶属 *Catopsilia*

识别特征：翅展 60~70 mm。触角红褐色。雌蝶形态多样，翅面多为淡黄色。雄蝶前翅端缘较窄，呈暗褐色；翅里黄褐色，前翅中室前端有一暗红色眼斑，后翅中室外有 2 个同色斑块。

习性：幼虫以豆科决明属的铁刀木、决明、翅荚决明、望江南、山箐、阿勃勒、愈疮木及紫铆等植物为食。成虫访各种花卉，喜集群活动，相互追逐嬉戏，天气炎热时常集大群在水边潮湿沙地上吸水。

宽边黄粉蝶 *Eurema hecabe*

粉蝶科 Pieridae
黄粉蝶属 *Eurema*

识别特征：翅深黄色或黄白色，前翅外缘有宽黄带，直到后角；后翅外缘黑色带窄且界限模糊；翅反面布满褐色小点，前翅中室内有 2 个斑纹，后翅呈不规则圆弧形；后翅反面有许多分散的点状斑纹，中室端部有一肾形纹。

习性：幼虫以豆科（含羞草科、蝶形花科）大叶合欢、银合欢、决明、合萌、花生、黄槐、田菁，大戟科红珠子、黑面神、土蜜树，金丝桃科黄牛木，鼠李科桶钩藤、省梅藤等植物为食。成虫飞行缓慢，喜访花，尤其在公路边草本植物的花上最为常见，也会集群在水边吸水。

檗黄粉蝶 *Eurema blanda*

粉蝶科 Pieridae　黄粉蝶属 *Eurema*

识别特征：雄蝶翅膀表面黄色，较宽边黄粉蝶淡，上翅表面外侧黑色斑的下方不明显向内凹入。雌蝶翅膀表面则为淡黄色，下翅後缘为均匀圆弧形。前翅反面中室内褐色斑点 2~3 个，后翅反面满布褐色点纹。雌蝶前后翅外缘黑色部分较雄蝶宽。春型蝶，翅面黑色部分不发达，其后翅有小黑点。

习性：幼虫以豆科的铁刀木、颔垂豆、黄槐、大托叶云实、莲实藤等植物为食。成虫除冬季外均能见到，生活在中、低海拔山区。飞行缓慢、喜访花，常集群在湿地吸水。

玕黄粉蝶 *Gandaca harina*

粉蝶科 Pieridae　玕粉蝶属 *Gandaca*

识别特征：雄蝶翅面柠檬黄色，雌蝶白色，前翅顶角及外缘黑带狭窄。翅反面黄白色，无斑纹。

习性：生活于低海拔山区。成虫见于夏季，飞行缓慢、喜访花，常集群在河边湿地吸水。

橙粉蝶 *Ixias pyrene*

粉蝶科 Pieridae
橙粉蝶属 *Ixias*

识别特征：雌雄异型。雄蝶有2种形态：一种前翅正面端半部黑色，基半部为黄色，中域为大型橙色斑，中室端有黑斑，后翅黄色，外线黑带窄；另一种中室端为橙黄色斜带。雌蝶前翅黑色部分扩展到中室和翅基，后翅外缘黑带比雄蝶宽，翅面为淡黄色，前翅中室外斜带为淡黄色。

习性：栖息于热带雨林、季雨林、亚热带季风常绿阔叶林至温带地区。幼虫以白花菜科槌果藤属（青皮刺、菊池风蝶木）、山柑科山柑属（山柑）、鱼木属（鱼木、加罗林鱼木）等植物为食。成虫喜访花，天气炎热时常见于水边吸水，但很少成群。

报喜斑粉蝶 *Delias pasithoe*

粉蝶科 Pieridae
斑粉蝶属 *Delias*

识别特征：翅展60~80 mm。翅黑色并略带褐绿色，后翅第1a、1b室呈淡黄色。后翅里有红色亚基带，而翅面无红色斑纹。翅里斑纹较翅面清晰，色泽更深。

习性：生活在中、低海拔山区。幼虫以桑寄生科的桑寄生、大叶桑寄生、毛叶钝果寄生（忍冬叶桑寄生）、木兰寄生，檀香科的寄生藤，茜草科的圆叶乌檀等植物为食。成虫访花，飞行高而缓慢，日活动时间长，也常见于溪边吸水。产卵为聚产，幼虫群栖，化蛹时远离寄主植物。

红腋斑粉蝶 *Delias acalis*

粉蝶科 Pieridae　斑粉蝶属 *Delias*

识别特征：翅面淡黑色，各室苍白色长斑纹上散有黑色鳞粉，中室端脉白斑呈飞鸟形；后翅基部朱红色；翅反面基部红斑色及橙色斑。仅白斑鲜显，臀室斑白黄色。成虫与报喜斑粉蝶近似，但正面颜色较浅，体型略大，后翅正面基部鲜红色。

习性：分布于中、低海拔山区。幼虫以桑寄生科植物为食。成虫喜访花，飞行缓慢。

优越斑粉蝶 *Delias hyparete*

粉蝶科 Pieridae
斑粉蝶属 *Delias*

识别特征：翅展 60~70 mm。翅面白色，前翅端区翅脉黑色。后翅里脉纹黑色，基部和中部呈黄色；亚外缘区有一组红斑。雌蝶颜色较深，脉纹两侧的黑色区域更宽。

习性：分布于中、低海拔山区。幼虫以桑寄生科的桑寄生属、大苞鞘花属、梨果寄生属、钝果寄生属，檀香科的寄生藤属和檀香属植物为食。成虫夏季出现，喜访花，飞行缓慢，常见于路边的草本植物花上。

隐条斑粉蝶 *Delias subnubila*

粉蝶科 Pieridae 斑粉蝶属 *Delias*

识别特征：前后翅面淡黑色。前翅中室内有眉状长白斑，中域各室有1列披针形白斑，亚缘有1列白色近圆形斑，先端2枚微黄；后翅正面sc室内黄色。翅反面斑纹形状同正面，前翅亚缘斑列的先端3枚为淡黄色；后翅的斑纹多为黄色。

习性：分布于低海拔山区。幼虫以桑寄生科的钝果寄生属植物为食。成虫夏季出现，喜访花，飞行缓慢，常在公路边的草本植物及矮树上见到。

奥古斑粉蝶 *Delias agostina*

粉蝶科 Pieridae 斑粉蝶属 *Delias*

识别特征：翅展50~55 mm。翅面白色，翅脉被黑灰，前翅顶角区黑色更浓。前翅里翅脉具黑灰；后翅里黄色，外缘饰有灰黑色斑纹。

习性：见于中、低海拔山区。幼虫以桑寄生科的桑寄生属植物为食。成虫夏季出现，喜欢访花，飞行缓慢，天气炎热时常到河边吸水。

白翅尖粉蝶 *Appias albina*

粉蝶科 Pieridae　尖粉蝶属 *Appias*

识别特征： 雄蝶翅面白色，前翅前缘、顶角及外缘很窄区域内有时具黑色鳞片；后翅外缘黑色鳞片少。前翅反面灰白色，顶角淡黄色；后翅反面全为淡黄色。雌蝶翅面白色，前翅前缘具4~5个黑斑，后翅除前缘具缘斑外，其余全部为白色。

习性： 见于中、低海拔山区。幼虫以山柑科鱼木属（树头菜等）、大戟科滨海核果木、台湾假黄杨等植物为食。成虫夏季出现，喜欢访花，飞行缓慢，天气炎热时常到河边吸水。

雷震尖粉蝶 *Appias indra*

粉蝶科 Pieridae
尖粉蝶属 *Appias*

识别特征： 翅面白色。前翅外缘中部略向内陷，自前缘1/2斜向外缘 Cu_1 脉，有黑色三角形大斑，内嵌2个小白点，中室端有1个针尖状小黑点；后翅面外缘黑带内侧沿脉端呈尖齿状，中室端有1个针尖状小黑点。前缘内侧1/2及翅基部散布黑色鳞粉。翅反面前翅三角黑斑顶端黄褐色；后翅反面散布浅褐色鳞粉，中室端斑较正面明显。雌蝶黑色部分稍淡，后翅外缘黑带较宽。

习性： 见于中、低海拔山区。幼虫以大戟科核果木属（滨海核果木、交力坪铁色、铁色、南仁铁色）、台湾假黄杨等植物为食。成虫夏季出现，喜访花，飞行缓慢，天气炎热时常到河边吸水。

灵奇尖粉蝶 *Appias lyncida*

粉蝶科 Pieridae
尖粉蝶属 *Appias*

识别特征：翅展55~65 mm。分春型和夏型。夏型雄蝶翅面月白色，前翅外缘黑色，向内延伸成长三角形。后翅外缘黑色，内缘与白色部分之间有一灰色过渡区域。前翅里白色，前缘及外缘有褐色边，顶角有一黄斑；后翅里呈黄色，外缘有褐色宽边。夏型雌翅面紫褐色，各室均有灰白色条纹；翅里与翅面相似，但后翅前缘有黄边。

习性：幼虫以山柑科鱼木属（鱼木、树头菜）、山柑属（山柑）和马槟榔属（槌果藤）等植物为食。成虫喜吸食花蜜，或在潮湿地区、浅水滩边吸水。

兰姬尖粉蝶 *Appias lalage*

粉蝶科 Pieridae
尖粉蝶属 *Appias*

识别特征：前翅外缘上段呈波浪状。雄蝶翅面白色。前翅前缘及顶角黑色，外缘的黑色终止于Cu_2脉，顶角黑色区内有2~3个白斑，中域和中室端及其外侧各有1个黑斑，常合二为一；后翅外缘脉端有不明显的黑色点线。雌蝶前、后翅面黑色带宽阔，前翅亚缘黑色部分有3个白斑，黑带还延伸到后缘基部，中室外上方有1个斜白斑，翅下半部有1个大白斑；前翅反面黑色泛黄，顶角呈青白色的三角形，后翅青白色，无斑纹。

习性：见于中、低海拔山区。成虫夏季出现，访花或在潮湿地区、浅水滩边吸水。

红翅尖粉蝶 *Appias nero*

粉蝶科 Pieridae
尖粉蝶属 *Appias*

识别特征：翅面呈橘黄色至砖红色。雄蝶前翅顶角及两翅外缘暗褐色，翅脉黑色；雌蝶翅面褐色带纹宽，前翅中域，从前缘中部到臀角有1条不规则褐色带。翅反面除前翅中室后方为红黄色外，其余为黄橘色，翅脉带蓝色。

习性：生活于低海拔热带林区。幼虫以山柑科鱼木属（树头菜等）、小刺山桔（槌果藤）等植物为食。成虫多见于5–8月，活动于热带的丛林、灌木旁，天气炎热时会集群在溪边吸水。

红肩锯粉蝶 *Prioneris clemanthe*

粉蝶科 Pieridae
锯粉蝶属 *Prioneris*

识别特征：翅展45~58 mm。前缘脉呈细锯齿状。雄蝶翅面白色，翅脉黑色，前翅前缘黑色，端半部黑脉粗，脉两侧有黑晕，后翅脉细，外缘各脉端明显加粗。翅反面前翅白色，全部脉缘均有黑晕，中室内有黑纵纹数条；后翅基部红色，外缘黑色，亚缘有1条淡黑带直到臀角，形成1列亚缘白斑，其余部分黄色。雌蝶体型较大，前翅黑色，夹有少数白斑，后翅亚缘带黑色，其余部分灰黄色。

习性：生活于低海拔热带林区。幼虫以山柑科山柑属植物为食。成虫夏季出现，喜访花，飞行缓慢，常见于路边的草本植物及矮树上。

锯粉蝶 *Prioneris thestylis*

粉蝶科 Pieridae 锯粉蝶属 *Prioneris*

识别特征：翅展 45~58 mm。翅面白色或浅黄色，脉黑色，前翅前缘、外缘黑色，端半部脉纹的两侧黑色，亚缘黑带横穿各脉止于 Cu_2脉，形成亚缘白斑列；后翅白色，黑色脉纹不如前翅深。翅反面前翅同正面，仅中室内多淡黑色斑，后翅各室有形状不一的黄斑。雌蝶色彩、斑纹同雄蝶，但翅形阔圆、色深。湿季型锯粉蝶体型大于旱季型，颜色较深。

习性：幼虫以山柑科鱼木属的鱼木、锐叶山柑（独行千里）、加罗林鱼木和槌果藤属植物为食。成虫夏季出现，喜访花，飞行缓慢，常交于路边的草本植物及矮树上。

黑脉园粉蝶 *Cepora nerissa*

粉蝶科 Pieridae

园粉蝶属 *Cepora*

识别特征：雄雌色彩不同。雄蝶翅正面白或乳白色，脉纹棕黑色，顶端和外缘黑色，由脉端向内呈齿状，m_3室具 1 个黑斑；后翅外缘黑色，脉端向内呈三角形。翅反面黄白色，前翅 m_3室黑斑明显，沿脉纹两侧有较宽的棕黄色鳞片；后翅亚外缘除 m_1室外，其余各室均有模糊黑晕斑。雌蝶翅面微黄，在前翅 cu_1室也有 1 个黑斑；后翅亚缘黑斑明显。

习性：幼虫以山柑科山柑属的青皮刺、兰屿山柑及马槟榔属植物为食。成虫夏季出现，喜访花，飞行缓慢，常见于路边的草本植物及矮树上。

青园粉蝶 *Cepora nadina*

粉蝶科 Pieridae
园粉蝶属 *Cepora*

识别特征：前翅正面青白色，顶角和前后翅的外缘黑色，其内侧呈齿状突出；翅反面前翅的中室和下半部、后翅的中室及中室外室白色，其余大部分为黄褐色。雌蝶翅面除中心为白色外，其余为棕色或黄褐色，翅反面类似正面。

习性：幼虫以山柑科山柑属的小刺山柑、山柑、锐叶山柑（独行千里）等植物为食。成虫夏季出现，喜访花，飞行缓慢，常见于路边的草本植物及灌木上。

菜粉蝶 *Pieris rapae*

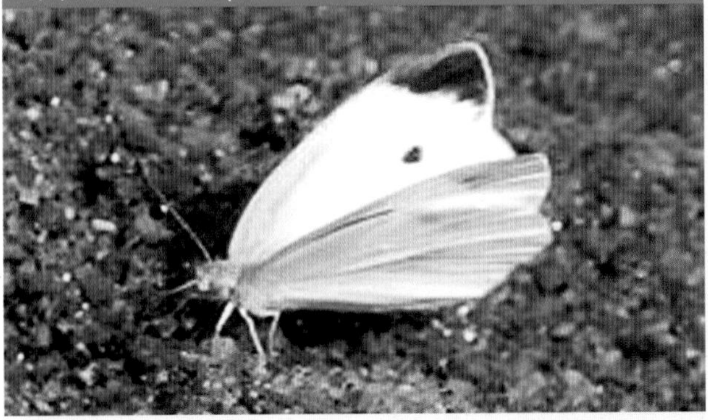

粉蝶科 Pieridae　粉蝶属 *Pieris*

识别特征：翅展 45~55 mm。翅面和脉纹白色，翅基部和前翅前缘较暗；雌蝶色彩更深，前翅顶角和中央 2 个斑纹黑色，后翅前缘有 1 个黑斑。

习性：本种分布范围极广，已知的寄主植物有 9 科 35 种之多，幼虫嗜食十字花科植物，特别偏食厚叶片的甘蓝、白菜、萝卜等。在缺少十字花科植物时，也可取食其他寄主植物，如菊科、白花菜科、金莲花科、百合科、紫草科和木犀科等。各地年发生代数不同，最多的一年可发生 12 代。成虫访花，飞行缓慢。

东方菜粉蝶 *Pieris canidia*

粉蝶科 Pieridae　粉蝶属 *Pieris*

识别特征：翅展 35~40 mm，前翅面中部外侧有 2 个黑斑，后翅前缘中部有 1 个黑斑，黑斑的内缘呈齿状。后翅的外缘脉端有三角形黑斑。翅后面除前翅中部 2 个黑斑清晰外，其余的斑均模糊。

习性：幼虫以十字花科（白菜、白花菜、芥菜、台湾碎米荠、硬毛南芥等）、白花菜科（鱼木、西洋白花菜）、金莲花科（金莲花）及夹竹桃科（糖胶）等植物为食。成虫访花，飞行缓慢。

暗脉菜粉蝶 *Pieris napi*

粉蝶科 Pieridae　粉蝶属 *Pieris*

识别特征：雄蝶翅白色，脉纹黑色。前翅脉纹、顶角及后缘均为黑色。本种外形与黑纹粉蝶近似，翅脉黑黄色，前、后翅的黑斑较小、不清晰。

习性：幼虫以十字花科荠菜、垂果南芥、风花菜、日本碎米荠等植物为食。成虫访花，飞行缓慢。

鹤顶粉蝶 *Hebomoia glaucippe*

粉蝶科 Pieridae
鹤顶粉蝶属 *Hebomoia*

识别特征：翅展 80~90 mm。雄蝶翅白色，前翅前缘及外缘黑色，自前缘 1/2 处至外缘近后角处有黑色锯齿状斜纹，围住顶部三角形赤橙色斑，斑被黑色脉纹分割；室内有 1 列黑色箭头纹；后翅外缘脉端有黑箭头纹。雌蝶黄白色，散布有黑色鳞粉，后翅外缘、亚缘各有 1 列明显的黑色箭头纹。反面前翅端半部和整个后翅满布褐色细纹。春型个体小，翅稍尖。

习性：主要见于园林、村边及丘陵矮山等有寄主植物分布的地方。幼虫以山柑科鱼木属（鱼木、加罗林鱼木）、山柑属（山柑）、马槟榔属植物为食。成虫访花，飞行迅速，在河边吸水时将前后翅收拢，受惊时迅速打开飞离。

云粉蝶 *Pontia daplidice*

粉蝶科 Pieridae
云粉蝶属 *Pontia*

识别特征：翅展 35~55 mm 。雄蝶前翅正面白色，顶角到外缘有大而清晰的褐色斑，中室端有一大型黑色斑。后翅斑纹不明显。反面前翅顶角和亚顶端的斑纹相连呈黄褐色。雌蝶前翅面斑纹类似于雄蝶，但 1b 翅室有一黑色中型斑，后翅正面前缘有一黑色斑，外端有缘和亚缘黑色斑列。两性后翅反面具云状墨绿色斑列，几占翅面的 3/4。

习性：本种分布广泛。幼虫以十字花科植物（萝卜、白菜、甘蓝、油菜、荠菜等）、野生十字花科植物及豆科牧草为食。成虫访花，飞行缓慢。

金斑蝶 *Danaus chrysippus*

斑蝶科 Danaidae
斑蝶属 *Danaus*

识别特征：翅展 70~80 mm。翅红褐色，前翅前缘及端部黑褐色，靠近顶角横列 4 个大白斑，附近还有几个小白斑，外缘有不规则的小白斑排成一列。后翅外缘有黑褐色带，其中有白色小斑点分布；中室端部有 3 个黑褐色斑点；雄蝶在 Cu_2脉近基部处另有黑褐色斑，即其香鳞区。

习性：幼虫以萝藦科的牛角瓜属、马利筋属、鹅绒藤属、吊灯花属、顶头果属、牛奶菜属、大花藤属、鲫鱼藤属、娃儿藤属，旋花科、大戟科、杠柳科、玄参科等植物为食。

虎斑蝶 *Danaus genutia*

斑蝶科 Danaidae
斑蝶属 *Danaus*

识别特征：翅展 70~80 mm。翅面脉纹粗黑。前翅中区金黄色，顶角及边缘黑色；顶角上斜切白色斑带。后翅黄色，外黑色，边缘一线有 2 列小圆点斑。雄蝶颜色更深，后翅两面近第 2 室基部都有黑色性标。

习性：幼虫取食萝藦科的鹅绒藤属、马利筋属、牛奶菜属、娃儿藤属、匙羹藤属、大花藤属、牛角瓜属、萝藦属、天星藤属、夜来香属、匙羹藤属等属中的许多植物。成虫访花，飞行缓慢。

青斑蝶 *Tirumala limniace*

斑蝶科 Danaidae
青斑蝶属 *Tirumala*

识别特征：翅展 70~90 mm。翅面黑褐色，斑纹浅青色半透明。前翅外缘、亚外缘各具 1 列斑纹，其中亚外缘斑列不整齐。中室内有 1 棒状纹，中室端有 1 齿形纹，外有 5 条棒状纹，下方具 3 个白斑。中室的周缘有斑和点围绕着，还有不整齐的外缘和亚外缘斑各 1 列。

习性：幼虫以萝藦科南山藤属的南山藤、台湾南山藤，马利筋属，牛角瓜属，球兰属，牛奶菜属（通关散）、醉魂藤属，以及豆科野百合属的部分植物为食。成虫访花，飞行缓慢。

蔷青斑蝶 *Tirumala septentrionis*

斑蝶科 Danaidae
青斑蝶属 *Tirumala*

识别特征：翅展 80~90 mm。翅底黑色，并满布淡蓝色半透明的碎斑。前翅基部 3 条斑纹，中间一条椭圆而突出；前、后两条呈细条状，并略为平齐。雄蝶后翅里 1B 脉中部有一耳垂状性标，能放出吸引雌蝶的气味。

习性：幼虫寄主植物有萝藦科南山藤属（南山藤）、醉魂藤属（台湾醉魂）、娃儿藤属，夹竹桃科纽子花属（纽子花、缅甸纽子花）、同心结属，以及防己科木防己属等。成虫喜访花，飞行速度特别慢，通常很少振翅，而是滑翔，如受惊扰时瞬间盘旋躲避。

大绢斑蝶 *Parantica sita*

斑蝶科 Danaidae
绢斑蝶属 *Parantica*

识别特征：翅展 90~110 mm。前翅以黑褐色为底，后翅以橙褐色为底。两翅上有淡蓝色透明大斑。后翅各室和基部都有淡蓝色透明条斑。翅里与翅面相似，但斑纹的蓝色更浓。腹部赤褐色，腹面有白斑。

习性：本种对气候的适应能力强，主要栖息于中、低海拔山区，在海拔 2000 m 以上亦见活动。幼虫以萝藦科马利筋属（马利筋）、牛奶菜属（牛奶菜、假防己、蓝叶藤）、鹅绒藤属（白薇、牛皮消、大花牛皮消）、娃儿藤属（娃儿藤、日本娃儿藤、马兜铃状娃儿藤）、球兰属（球兰）等植物为食。成虫喜访花，飞行缓慢，但飞行能力强。

黑绢斑蝶 *Parantica melaneus*

斑蝶科 Danaidae
绢斑蝶属 *Parantica*

识别特征：翅展 70~90 mm。翅底暗褐色，翅上各室有许多淡蓝色透明点斑，基部有淡蓝色透明条斑。腹部背面黄褐色，腹面黄色。雄蝶后翅臀角外有褐色性标。

习性：幼虫以萝藦科牛奶菜属、娃儿藤属、鹅绒藤属植物为食。每年可发生多个世代。成虫喜访花，飞行较缓慢，路线不规则。

绢斑蝶 *Parantica aglea*

斑蝶科 Danaidae　绢斑蝶属 *Parantica*

识别特征：翅展 75~90 mm。翅青白色，半透明，翅脉黑色，前翅端部 2/5、后翅边缘及亚缘部分黑色；前后翅黑斑内有亚缘列小白点 7 个，更小的缘列青白点若干个在后方显出，前翅黑斑中部还有不同形状、大小的青白点 8 个。雄蝶后翅反面的下方有明显的香鳞斑（性标）。

习性：幼虫以萝藦科娃儿藤属植物为食。成虫喜访花，飞行较缓慢，路线不规则。有集群停歇习性。

幻紫斑蝶 *Euploea core*

斑蝶科 Danaidae

紫斑蝶属 *Euploea*

识别特征：翅展 85~95 mm。体、翅暗褐色，基部较深。雄蝶前翅后缘向外凸呈阔弧形，翅中部向后有条形性标一块。不论雌雄，翅中部斑点较少，正面为 1~2 个，反面为 4 个。前翅外缘至后翅外缘常有 2 列白色斑纹。

习性：幼虫以萝藦科的白叶藤属、弓果藤属（弓果藤）、马利筋属（马利筋）、牛角瓜属（牛角瓜）、顶头果属、鹅绒藤属，夹竹桃科羊角拗属（羊角拗）、夹竹桃属（夹竹桃、欧洲夹竹桃），桑科的榕属（小叶榕、榕树、琴叶榕、印度榕树）、鹊肾树属，茜草科的巴戟天属，以及榆科的白颜树等植物为食。以成虫越冬，喜产卵于夹竹桃和小叶榕的叶面上，散产。喜访花，飞行缓慢。

异型紫斑蝶 *Euploea mulciber*

斑蝶科 Danaidae
紫斑蝶属 *Euploea*

识别特征：翅展 70~85 mm。雄蝶前翅面黑绒色并泛蓝紫闪光，各室微现白色点斑。后翅后半部有一块绒褐色斑。雌前翅面中区幻蓝色光泽，室内白斑更大，更明显；基部隐现白色条纹；后翅各脉两侧有白色条纹。翅里斑纹更明显，但无蓝色光彩。

习性：幼虫以桑科的榕属（榕树、垂叶榕），夹竹桃科夹竹桃属（夹竹桃、欧洲夹竹桃）、腰骨藤属（腰骨藤），萝藦科弓果藤属（弓果藤）、白叶藤属，旋花科银背藤属（白鹤藤），马兜铃科马兜铃属等植物为食。成虫喜访花，飞行较缓慢，路线不规则。

白壁紫斑蝶 *Euploea radamantha*

斑蝶科 Danaidae　紫斑蝶属 *Euploea*

识别特征：翅展 80~90 mm。雄蝶前翅褐紫色，前缘中部和中室端部有 1 个大白斑，其外角有 1 个小白斑，顶端和外缘有几个天蓝色斑，Cu_2脉下中部有烙印斑，后缘近基部凸出；后翅前半部灰褐色，近基部有 1 个白色性标，后半部有 4 条白色基条斑，外端部为黑紫色，外缘及亚缘有天蓝色小点；翅反面色浅，斑纹类似正面，外缘白斑列类似雄蝶，前翅后缘直，外缘和亚外缘斑列呈白色，中室下角有 2 个白斑；后翅外缘和亚外缘白斑明显，后翅前缘和中室内、中室后均有白色条纹。

习性：生活于低海拔的热带地区。幼虫以桑科榕属心叶榕为食。成虫在雨后初晴的时候出来活动，访花或吸水，飞行缓慢。

凤眼方环蝶 *Discophora sondaica*

环蝶科 Amathusiidae
方环蝶属 *Discophora*

识别特征：雄蝶翅面黑褐色，前翅有1列凤眼状白色斑；其中有1个黑色眼睛点；后翅无斑，中域有黑色香鳞区。翅反面浅棕色，其半部色较深；后翅有2个小眼斑。雌蝶翅色浅，前后翅均有2列色斑，内列白色，外列橙黄色，凤眼状，如雄蝶，后翅外缘在M_3脉端部凸出。

习性：幼虫以禾本科竹亚科的各种竹类，如佛竹、箣竹、龙丝竹为食。成虫主要在黄昏和傍晚活动，有趋光性，飞行迅速，喜食腐烂水果。卵聚产于寄主植物背面，幼虫群栖。

惊恐方环蝶 *Discophora timora*

环蝶科 Amathusiidae
方环蝶属 *Discophora*

识别特征：雄蝶翅面深紫褐色，前翅中室端外有2个大白斑，亚外缘有1列小白斑；后翅面蓝紫色，中域有1个心形黑色性标。翅反面深褐色，亚外缘有1条浅色带，从前面中部到后翅臀角有深色带，在色带外有2个眼斑。雌蝶翅面褐色，由前翅前缘中部到后角有1条宽的黄色斜带。

习性：幼虫以禾本科竹亚科箣竹属、禾亚科甘蔗属（甘蔗）、白茅属(白茅)，以及棕榈科椰子等植物为食。多在拂晓和黄昏时段活动，飞行缓慢。

紫斑环蝶 *Thaumantis diores*

环蝶科 Amathusiidae
斑环蝶属 *Thaumantis*

识别特征：翅展 80~90 mm。前翅三角形，外缘弧状，后翅近圆形，翅面深褐色，前、后翅中室后方有蓝色斑块。背面有 3 条暗色条纹，后翅有 2 个眼纹。

习性：多栖息于海拔 1000 m 以下的热带雨林、季雨林中。幼虫以棕榈科植物为食，成虫多见于林下阴暗处，早晚活动，飞翔呈波浪式，忽上忽下，飞行缓慢。

斜带环蝶 *Thauria lathyi*

环蝶科 Amathusiidae
带环蝶属 *Thauria*

识别特征：翅展 75~100 mm。翅面底色深褐色，前翅中域有宽大的中黄色斜带，顶角有小白斑，后翅边缘向翅内晕有浓橙色。背面有 2 个圆形大眼斑，中室无长毛丛。

习性：生活在中、低海拔山区，很少离开栖息地。幼虫以棕榈科鱼尾葵属植物（短穗鱼尾葵）及禾本科植物为食。成虫取食腐烂水果，白天多数时间合拢翅膀，停息在地面枯枝落叶上，临近黄昏才开始活动。

纹环蝶 *Aemona amathusia*

环蝶科 Amathusiidae
纹环蝶属 *Aemona*

识别特征：雄蝶翅正面淡黄，前翅基部、顶角及外缘色较深，从前翅顶角至后翅臀角横穿 1 条不明显的线纹，后翅有 1 条亚缘线，前、后翅 cu_1室各具 1 个圆斑。翅反面线纹、圆斑明显。雌蝶翅面底色棕褐色，斑纹明显，斜横纹外各室有圆斑，前、后翅 cu_1室圆斑有白色瞳点。

习性：生活在中、低海拔山区。幼虫寄主为菝葜科的剑叶菝葜等。成虫不访花，喜吸食树汁。飞行路线不规则，常活动于林下阴凉处。

串珠环蝶 *Faunis eumeus*

环蝶科 Amathusiidae
串珠环蝶属 *Faunis*

识别特征：翅展 60~70 mm。翅面：雄翅从褐色到赭色不等；雌前翅亚端区有一黄带纹。翅里：雌雄前翅均有 2 条波状线纹；并具小黄圆点斑列。

习性：幼虫以菝葜科菝葜属（菝葜、马甲菝葜、暗色菝葜等）、棕榈科（糠榔）、苏铁科（篦齿苏铁、云南苏铁）植物为食。成虫飞行缓慢，喜食腐烂水果。卵聚产于寄主叶背，幼虫有明显的群居习性，多栖息于叶背。

棕翅串珠环蝶 *Faunis canens*

环蝶科 Amathusiidae　串珠环蝶属 *Faunis*

识别特征：翅正面棕黑色至赭色。雌蝶正面似雄蝶，但顶端和亚缘颜色稍淡。翅反面深棕色，中带齿状，且较窄。

习性：生活在中、低海拔山区。成虫常活动于林下阴凉处，不访花，喜吸树汁。

白袖箭环蝶 *Stichophthalma louisa*

环蝶科 Amathusiidae

箭环蝶属 *Stichophthalma*

识别特征：翅展 100~115 mm，前翅正面基半部褐色，愈近基部愈浓，端半部白色，顶角和外缘浅褐色，箭环斑较小；后翅外缘线褐黄色不明显，箭状纹很大。前翅反面亚基横线、中横线和亚外缘带间白色，后翅无白色外缘带，有成列的眼状斑。

习性：幼虫以禾本科竹亚科的苦竹和麻竹等植物为食。成虫食腐，常在竹林内部灵活飞行。幼虫多体毛，有群居习性，悬蛹硕大，一年 1 代，以幼虫越冬。

暮眼蝶 *Melanitis leda*

眼蝶科 Satyridae　暮眼蝶属 *Melanitis*

识别特征：翅展 70~80 mm，前翅外缘 M_2脉处和后翅 M_3脉处突出成角状。前翅近顶角有 1 个黑色圆形眼斑，斑内和纹上各有 1 个白点，内侧和上方围有橙红色纹；反面的颜色和斑纹因季节型变化极大。有多型现象，其中，主要可分成反面有眼斑型（春型）和无眼斑型（秋型）。有眼斑型翅里底色均匀，遍布波状鳞纹；无眼斑型反面底色斑驳不均，有清晰的黑色斑块杂于其中。

习性：常见于平地及低山地带。幼虫以禾本科水稻、甘蔗、水蔗、钝叶草属、雀稗属及其他禾本科植物为食。成虫日间隐藏在树荫下，到傍晚或黎明时活动频繁。

睇暮眼蝶 *Melanitis phedima*

眼蝶科 Satyridae

暮眼蝶属 *Melanitis*

识别特征：前翅外缘和后翅外缘凸出成角状。前翅近顶角有一黑色圆斑，斑内和纹上各有 1 个白点，上方有橙红色纹；翅反面的颜色和斑纹因季节变化较大。夏型色浅，眼状斑非常明显；秋型色深，眼状纹退化甚至消失。

习性：幼虫以禾本科水稻、刚莠竹、棕叶狗尾草、芒、柳叶箬、巴拉草等植物为食。成虫多出没于常绿丛林中，晨昏活动。

尖尾黛眼蝶 *Lethe sinorix*

眼蝶科 Satyridae　黛眼蝶属 *Lethe*

识别特征：翅面棕褐色，前翅亚外缘有3个白斑。后翅 M_3脉有1条明显的尖角状尾突，亚外缘有5个大小不等的黑斑。前后翅反面有2条明显的棕色横线。后翅亚外缘有6个眼斑。

习性：幼虫以禾本科植物为食。成虫多出没于常绿丛林中，晨昏时活动。

长纹黛眼蝶 *Lethe europa*

眼蝶科 Satyridae　黛眼蝶属 *Lethe*

识别特征：翅面茶褐色，雌蝶前翅中室外侧斜白带自前缘中央斜向后角附近，雄蝶无此带，亚顶端部有2~3个白斑；雌蝶后翅亚外缘各室白条斑明显。翅反面褐色，雄蝶前翅斜带暗黄色，雌蝶该带白色，较宽，亚外缘有6个眼状纹，自前翅中室中部至后翅臀缘有1条白色条带，后翅亚外缘缘室内的眼状纹大，呈椭圆形。

习性：幼虫以禾本科刚莠竹、凤凰竹、蓬莱竹、桂竹、绿竹等植物为食。成虫晨昏时活动。

波纹黛眼蝶 *Lethe rohria*

眼蝶科 Satyridae
黛眼蝶属 *Lethe*

识别特征：雌雄异型。前翅反面眼状纹圆形，雄蝶 cu_2 室、雌蝶 cu_2 室和 cu_1 室无眼状纹；后翅反面各缘室内黑色眼状纹有鲜明的黄环，前缘眼纹特别大，中心有1个白点。前翅反面中室内有2条蓝紫色弯曲横带。雌蝶前翅斜行白色宽带内侧凹凸不平。

习性：生活于中、低海拔的山区。幼虫以禾本科芒、五节芒、巴拉草、白茅及竹类植物为食。成虫晨昏时活动。

曲纹黛眼蝶 *Lethe chandica*

眼蝶科 Satyridae　黛眼蝶属 *Lethe*

识别特征：翅展 70~80 mm，翅正面棕褐色，基半部色浓，端半部色淡。从前翅中室到后翅臀缘有一条强度弯曲的白色条纹，前翅亚缘各有两 6 个眼状斑，后翅眼状斑较明显，顶端的一个中心有 2 个小白点，其余的眼状纹内有 2~3 个小白点。

习性：幼虫以禾本科毛竹、绿竹、桂竹、台风草等为食。生活于中、低海拔山区域，常出现于林荫处，成虫全年可见。

白带黛眼蝶 *Lethe confusa*

眼蝶科 Satyridae
黛眼蝶属 *Lethe*

识别特征：前翅黑褐色，中域有1条白色斜带，翅顶角有2个小白斑。翅反面除具备正面斑纹外，前翅顶角有4个眼状斑；后翅有淡色波曲的内线、中线、外线及缘线，亚缘有6个眼状纹。翅腹面斑纹与翅膀表面相同。雌雄差异不大。

习性：幼虫以禾本科植物刚莠竹、凤凰竹等为食。成虫多出现在夏季、秋季，白天活动时间较多，吸树汁或在水坑边吸水，也可在鲜牛粪上发现。

玉带黛眼蝶 *Lethe verma*

眼蝶科 Satyridae
黛眼蝶属 *Lethe*

识别特征：雌、雄蝶翅面褐色，前翅有一斜向白色条带，其末端正好在外缘第2翅脉上（雄蝶），其末端在第2翅脉后（雌蝶），后翅有2~3个不明显的、中心为白点的黑眼纹。前翅反面白色斜带与正面一样，亚缘有两个中心为白色的黄色环黑眼纹。后翅反面有两条不规则紫色横线，有一后中黑色眼纹列（其眼纹中心白色，围有黄、褐、银色环）。与本属其他蝶种的区别在于：后翅圆形，M_3脉突出不明显；前翅白色斜横带止于cu_2脉；亚顶端无小白斑。

习性：幼虫以禾本科植物为食。成虫常在低山至高山森林中活动，夏天发生较多。

直带黛眼蝶 *Lethe lanaris*

眼蝶科 Satyridae
黛眼蝶属 *Lethe*

识别特征：雌雄异型。翅黑褐色。雄蝶前翅反面端部颜色明显比内侧淡，亚外缘有5个大小一致的眼状纹。后翅反面亚外缘有6个眼状纹，前缘1个最大。雌蝶前缘中域有1条外斜的白带，前后翅内侧颜色明显比雄蝶淡，内中横带比雄蝶更为明显。外中横带在中室处向外凸出。

习性：幼虫以禾本科植物为食。成虫常见于竹林阴暗的林中。

蒙链荫眼蝶 *Neope muirheadii*

眼蝶科 Satyridae　荫眼蝶属 *Neope*

识别特征：翅面黑褐色，前后翅各有4个黑斑，雌蝶翅上黑斑大而明显，雄蝶翅上黑斑不显。翅反面，从前翅1/3处直到后翅臀角有1条棕色和白色并行的横带。前翅中室内有2条弯曲棕色条斑和4个链状圆斑，亚外缘有4个眼状斑，m_2室的小。后翅基部有3个小圆环，亚外缘有7个眼状斑，臀角处2个眼斑相连。

习性：幼虫以禾本科植物为食。成虫常在路边或林间空地见到，也可在流汁的树干上见到。

奥眼蝶 *Orsotriaena medus*

眼蝶科 Satyridae
奥眼蝶属 *Orsotriaena*

识别特征：翅面棕褐色，前、后翅中域有1条从翅反面透出的白色横条纹，外缘有2条黑色波状线。翅反面褐色，中区有1条垂直白色横带，外缘有2条白色缘线。眼斑黑色白心，围有黄色和白色双环，前翅外端2个，一小一大，后翅前缘外端2个，一小一大，臀区1个较大。雄蝶前翅面臀室有1个暗色性标，其上有淡色毛刷；后翅面基部有1个淡色斑，其上横卧毛丛。

习性：栖息于低海拔的林区。幼虫以禾本科水稻、甘蔗等植物为食。成虫常见于路边或林间空地。

小眉眼蝶 *Mycalesis mineus*

眼蝶科 Satyridae　眉眼蝶属 *Mycalesis*

识别特征：雌蝶翅面黑褐色，前、后翅2条外缘线清晰，前翅有1个眼状斑。翅反面2条外缘线清晰，前翅有2个眼状斑，后翅有大小不等7个眼状斑，中横线黄色。雄蝶前翅反面2A脉上性标宽大，色较深；而后翅性标细长，具黄色长毛束。

习性：幼虫以禾本科植物为食。成虫常见于路边灌丛阴暗的林中。

稻眉眼蝶 *Mycalesis gotama*

眼蝶科 Satyridae　眉眼蝶属 *Mycalesis*

识别特征：翅褐色。前翅正面亚外缘有 2 个黑色眼斑，上小下大；前翅反面小眼斑上下各有相连的 1 个更小眼斑；中线灰白色，自前缘直达后翅后缘。后翅反面亚外缘有 6~7 个黑色眼斑，其中 cu_1室的眼斑最大。夏型斑纹金而清晰；春型有些斑纹不明显或消失。雄蝶后翅表面中室基部近前缘有 1 簇黄白色长毛。

习性：幼虫以水稻、芒、五节草、棕叶狗尾草、柳叶箬、刺竹属植物等为食。成虫白天活动，飞舞于花丛中采蜜，晚间静伏在杂草丛中。

僧袈眉眼蝶 *Mycalesis sangaica*

眼蝶科 Satyridae　眉眼蝶属 *Mycalesis*

识别特征：与稻眉眼蝶非常近似，但反面横贯前后翅的白色中横带很狭，后翅 7 个眼状斑中的第四、五 2 个最大。后翅反面的眼斑列有清晰的共同白色外环，后翅反面中带以内的区域有较斑驳的鳞纹。

习性：幼虫以芒、五节芒、棕叶狗尾草、柳叶箬、求米草、狼尾草、象草等植物为食。成虫白天活动，飞舞于花丛中采蜜，晚间静伏在杂草丛中。

拟稻眉眼蝶 *Mycalesis francisca*

眼蝶科 Satyridae　眉眼蝶属 *Mycalesis*

识别特征：本种与稻眉眼蝶相似。但雄蝶前翅后缘中部有1个黑色性标，后翅前缘近基部的性标为白色长毛束；翅反面中部的横带为淡紫色，甚易区别。

习性：幼虫以白茅、芒、五节芒、棕叶狗尾草、求米草、刺竹属植物等为食。成虫白天活动，飞舞于花丛中采蜜，晚间静伏在杂草丛中。

中介眉眼蝶 *Mycalesis intermedia*

眼蝶科 Satyridae

眉眼蝶属 *Mycalesis*

识别特征：体型较大，棕红色。前翅反面 Cu_2脉上有宽的性标，后翅正面前缘性标细长，反面中室基部长毛黄白色。

习性：幼虫以禾本科植物为食。成虫常见于路边灌丛或阴暗的林中。

平顶眉眼蝶 *Mycalesis panthaka*

眼蝶科 Satyridae　眉眼蝶属 *Mycalesis*

识别特征：翅褐色，前翅顶角平截，后翅外缘 M_3脉处及臀角成一定角度，易与近似种区分。分春型、中间型、夏型，翅反面斑纹各不一样：春型两翅反面中横带深褐色；中间型中横带黄白色；夏型淡色中横带外侧有大而明显的眼状纹。雄蝶前翅反面 2A 脉上性斑小、褐色，后翅正面前缘性斑延伸到 R_5脉基部，灰白色或暗褐色；后翅正面中室基部长毛束灰白色。

习性：幼虫以禾本科植物为食。成虫常见于路边灌丛阴暗的林中。

君主眉眼蝶 *Mycalesis anaxias*

眼蝶科 Satyridae　眉眼蝶属 *Mycalesis*

识别特征：翅棕褐色，前翅正面近顶角有 1 条白色斜带，反面翅大半褐色，除亚外缘以外淡褐色，有 5 个眼斑，近顶角白带清晰，后缘内侧灰白色。后翅反面基部黑褐色，亚外缘区以外淡褐色，有 7 个眼斑。雄蝶翅正面 2A 脉有黑色性标，后翅中室上有 1 束黄色毛簇。

习性：成虫白天活动，常见于林缘路边灌丛。

密纱眉眼蝶 *Mycalesis misenus*

眼蝶科 Satyridae
眉眼蝶属 *Mycalesis*

识别特征：翅面棕黑色，前翅近后角有 1 个大的眼状斑，后翅在 cu_1 室有 1 个较小的眼状斑。翅反面外缘具 2 条双色线，内侧的呈齿状；前翅亚缘有 5 个大小不等的黑眼斑，下端的最大，均有白瞳黄眶；后翅 7 个眼状斑，m_2 室至 cu_2 室的最小；两翅中横带黄色，翅基半部布满微波纹。

习性：成虫发生于 7–8 月。成虫不访花，喜欢吸食树汁。飞行路线不规则，常活动于林缘及林间阴暗处。

大理石眉眼蝶 *Mycalesis mamerta*

眼蝶科 Satyridae　眉眼蝶属 *Mycalesis*

识别特征：翅黑褐色，外横带直，黄白色，斜穿前、后翅，亚缘隐约可见几个眼状斑，前边 cu_1 室的大而明显。翅反面有极细的云纹，外横带清晰、白色、较宽；眼斑前翅 4 个，第三个最大，后翅 7 个，第五个最大，均有黄眶及白瞳，并有白线把它们围在一起，翅在外缘都有双重淡色线，里面 1 条线波状。

习性：幼虫以水稻等禾本科植物为食。成虫白天活动，常见于路边灌丛阴暗的林中。

资眼蝶 *Zipaetis unipupillata*

眼蝶科 Satyridae
资眼蝶属 *Zipaetis*

识别特征：本种与奥眼蝶和眉眼蝶相似，但前翅反面无任何斑纹，后翅反面仅有1列眼状斑和紫色的公共外环线，没有任何中带。

习性：栖息在热带丛林中。成虫白天活动、访花，飞行缓慢，常见于路边灌丛。

彩裳斑眼蝶 *Penthema darlisa*

眼蝶科 Satyridae　斑眼蝶属 *Penthema*

识别特征：前翅棕黑色，外缘中部略凹陷，后缘黄白色，斑纹白色半透明，翅面散有淡紫色粉末，中室有斑4枚，cu_2室有长纹延伸至亚后角，亚缘散生多个白斑；后翅斑纹黄白色，中室内有3个长形斑，臀缘有2个大斑，其余各室斑纹明显分3个层次，基半部的条纹状，后中域1列圆形，亚缘列斑箭头状。

习性：栖息于中、低海拔山区。幼虫以禾本科刺竹属凤凰竹等植物为食。成虫夏季出现，白天活动，喜欢吸食树汁和腐烂水果。

凤眼蝶 *Neorina patria*

眼蝶科 Satyridae　凤眼蝶属 *Neorina*

识别特征：大型眼蝶，翅面黑褐色。前翅前缘有1条宽的黄白色斜带，直到后角，亚顶端有1个模糊的黑色眼状斑，有时不明显，其上、下各有1个小白点；后翅顶有1个短的白色缘斑。翅反面，前翅眼状斑清晰，有2条波曲的亚缘线；后翅亚顶端和臀域各有1个眼状斑，有2条亚外缘线，外面1条在M_3脉处角状弯曲，亚缘线内侧和臀域散布有白色鳞片。

习性：幼虫取食竹类，成虫常在竹林停栖或在密林的阴暗处飞翔。

翠袖锯眼蝶 *Elymnias hypermnestra*

眼蝶科 Satyridae

锯眼蝶属 *Elymnias*

识别特征：翅暗褐色微紫色，雄蝶亚缘有青紫斑列，宽度由顶角递减。后翅外缘区赤褐色。雌蝶前翅斑点白色掺青紫色，后翅亚缘有白色小圆斑列。前后翅外缘波状，后翅M_3脉形成尾突。反面满布网状短条纹，前翅前缘顶角附近和前后翅亚外缘短条斑白色，雌蝶白色较显著。

习性：栖息于热带地区。幼虫以棕榈科散尾葵、椰子、蒲葵、山棕、罗比亲王海枣和芭蕉科植物为食。成虫常在棕榈园及以棕榈作为行道树的公路边活动。

玳眼蝶 *Ragadia crisilda*

眼蝶科 Satyridae
玳眼蝶属 *Ragadia*

识别特征：翅正面黑色，从前翅顶角附近到后翅后缘中部有1条白色斜带；亚缘与白色窄带（在前翅直，后翅上弧形），两带间有模糊的眼状斑1列；基部有3条平行而模糊的白线。翅反面黑底白纹及眼状斑（黑晶、紫瞳、黄眶）十分明显。

习性：栖息在热带丛林中。成虫常在密林的阴暗处活动，飞行缓慢。

矍眼蝶 *Ypthima balda*

眼蝶科 Satyridae　矍眼蝶属 *Ypthima*

识别特征：前翅正面中室端外侧有1个黑色眼状斑，中心有2个蓝白色瞳点。后翅正面亚外缘 M_3和 cu_1室各有1个黑色眼状斑，中心有1个蓝白色瞳点。后翅反面亚外缘有6个黑色眼状纹，其中 cu_2室有2个眼状斑相连，前后翅反面密布棕褐色网纹。低温型眼状斑很小，有的消失。

习性：幼虫以禾本科刚莠竹、金丝草等植物为食。成虫常活动于林缘及林间阴暗处。

卓矍眼蝶 *Ypthima zodia*

眼蝶科 Satyridae 矍眼蝶属 *Ypthima*

识别特征：本种与矍眼蝶相似，区别是：前翅顶部眼状斑大而明显，后翅眼状斑则较退化；后翅反面中区有2条平行的暗色横带。

习性：栖息在热带丛林中。成虫常在密林的阴暗处活动，飞行缓慢。

幽矍眼蝶 *Ypthima conjuncta*

眼蝶科 Satyridae 矍眼蝶属 *Ypthima*

识别特征：翅褐色。前翅顶角附近眼斑黑褐色，瞳点青白色2个，外环黄褐色，外缘有暗褐带。后翅眼斑在 m_3、cu_1室各1个，臀角有微小眼状斑。反面黄褐色，布满褐色细线，前翅眼斑土黄色，外环显著，围绕眼状斑的“Y”形淡色带延伸至后缘。后翅端半部色淡，基半部色深，小型眼状斑5个，分成3组，后角双连眼状斑最偏外，cu_1室眼斑稍大于其他眼状斑。

习性：栖息在中、低海拔山区。成虫常在密林的阴暗处活动，飞行缓慢。

大波矍眼蝶 *Ypthima tappana*

眼蝶科 Satyridae
矍眼蝶属 *Ypthima*

识别特征：翅暗褐色。前翅端部有1个大黑色眼状斑，后翅可见3个眼状斑，前2个相连，近臀角1个极小。翅反面色淡，前翅的眼状斑因黄环宽大而特别醒目；后翅有4个眼状纹，大小近等，其中近前缘处1个，后部3个，臀角处的1个与前2个稍分离，其端部斜向臀角。

习性：栖息在中、低海拔山区。幼虫以禾本科植物为食。成虫常在林下阴暗处活动，飞行缓慢。

密纹矍眼蝶 *Ypthima multistriata*

眼蝶科 Satyridae
矍眼蝶属 *Ypthima*

识别特征：翅黑褐色。前翅近顶角有1个不清晰眼状斑，有时完全消失；后翅 cu_1 室有1个小的眼状斑。翅反面色浅、密布白色波纹；前翅反面近顶角眼状斑具2个青色瞳点；后翅反面3个眼状斑，cu_2 室1个最小，具2个青色点。雄蝶前翅中部有暗黑色香鳞斑。

习性：幼虫以禾本科植物芒、棕叶狗尾草、柳叶箬、两耳草等植物为食。成虫常在林下阴暗处活动，飞行缓慢。

重光矍眼蝶 *Ypthima dromon*

眼蝶科 Satyridae　矍眼蝶属 *Ypthima*

识别特征：翅面褐色，前翅顶角有1个大型向外倾斜的眼状斑；后翅近臀角有1个小眼纹。后翅反面眼状纹退化成“L”形微小的点；基横带直或略呈弧形深褐色带；中横带波状，前半部向外弯成齿状凸起；亚缘带弓形，向外扩散，均从前缘到后缘，深褐色。

习性：成虫夏季出现，晨昏活动，常在林下阴暗处活动，飞行缓慢。

曲斑矍眼蝶 *Ypthima zyzzomacula*

眼蝶科 Satyridae　矍眼蝶属 *Ypthima*

识别特征：翅正面黑褐色，前翅近顶角有1个黑色眼状斑，中间有2个蓝色瞳点。前翅顶角平截形，双瞳眼状斑较直，不太倾斜，后翅反面无眼状斑，后翅褐色云状斑呈不规则的“Z”形。

习性：成虫夏季出现，常在平原地带林下阴暗处活动，飞行缓慢，晨昏时活动。

迈氏矍眼蝶 *Ypthima melli*

眼蝶科 Satyridae
矍眼蝶属 *Ypthima*

识别特征：本种与卓矍眼蝶非常近似，但反面后翅眼状斑退化为微点，后翅反面深色中带与底色对比不强烈。

习性：成虫夏季出现，晨昏时活动，常在林下阴暗处活动，也在农田附近活动，飞行缓慢。

凤尾蛱蝶 *Polyura arja*

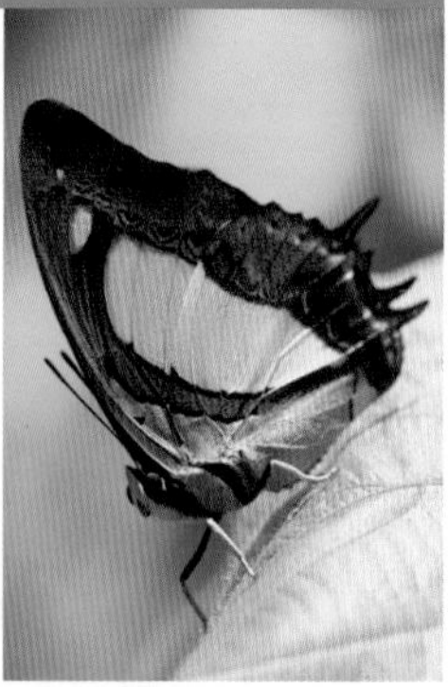

蛱蝶科 Nymphalidae　尾蛱蝶属 *Polyura*

识别特征：翅面黑褐色，前翅中部 M_3脉至后翅臀角 2A 脉有 1 条淡绿色宽中带，亚顶区有 1 大、1 小 2 个淡绿色圆斑；后翅亚缘出有 1 列淡绿色长形小斑点，Cu_2脉、M_3脉末端有 2 条短尾突，两条尾突大致等长，并有灰蓝色鳞片散布其中。

习性：幼虫以豆科（含羞草科）金合欢属合欢、尖叶相思及马鞭草科的柚木为食。成虫多见于热带丛林地带，常停息于树冠，取食树汁，吸食人畜粪便。

窄斑凤尾蛱蝶 *Polyura athamas*

蛱蝶科 Nymphalidae
尾蛱蝶属 *Polyura*

识别特征：翅展60~70 mm。翅面黑褐色，后翅2、4脉端有刺状尾突；从前翅4脉至后翅2脉有黄绿色中带。前翅端角有2个黄色点斑，后翅有淡黄色亚缘斑列，肛角外有一黄色块斑。翅里红褐色，斑纹较翅面更宽、更淡，斑纹有黑边。雌蝶较雄蝶大，斑纹更大、更鲜明。

习性：幼虫以含羞草科天香藤、合欢、阔荚合欢、朱缨花、南洋楹、银合欢、光荚含羞草、黑荆、银荆、凤凰木、海红豆及椴科的扁担藤等植物为食。成虫喜欢在水边吸水和吸食腐烂水果。飞行能力强，常停息于树冠，取食树汁，吸食人畜粪便。受干扰起飞后有返回原来停息之地的习性。

黑凤尾蛱蝶 *Polyura schreiber*

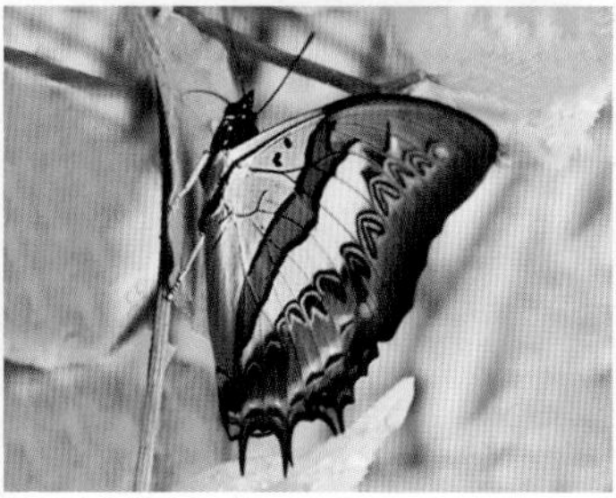

蛱蝶科 Nymphalidae
尾蛱蝶属 *Polyura*

识别特征：本种与凤尾蛱蝶相似，主要区别是中横带很窄，两端尖，其两侧为蓝色；翅反面中横带内侧有一横棒，围以黑边；中带外侧“V”形斑列中的“V”形斑较大。

习性：寄主植物有豆科喃喃果属（喃喃豆、穗花云实）、无患子科（红毛丹）、梧桐科（可可）、牛栓藤科（红叶藤）、壳斗科锥属、含羞草科（光海红豆）、红树科（红树、红茄苳、柱果木榄）、蔷薇科蔷薇属和番荔枝科植物。成虫出现于夏季，偶会到河边吸水，飞行急速。

大二尾蛱蝶 *Polyura eudamippus*

蛱蝶科 Nymphalidae　尾蛱蝶属 *Polyura*

识别特征：翅展 110~120mm。前翅面乳白色并略带绿色，前缘和外缘具褐色宽带，亚缘和中后部有黄白色斑在臀角汇集，中室顶端外有 2 个白色点斑。后翅乳白并略带淡绿，黑褐色外缘内有乳白色块斑，再向内有白色点斑；有两个刺状尾突。翅里银白色，前翅中室有 2 个黑斑，室端有“Y”形纹。

习性：幼虫以豆科合欢属、崖豆藤属，鼠李科，榆科，蔷薇科以及含羞草科合欢属等植物为食。成虫在夏季气候炎热时常集群在溪边吸水，飞行迅速。

忘忧尾蛱蝶 *Polyura nepenthes*

蛱蝶科 Nymphalidae
尾蛱蝶属 *Polyura*

识别特征：翅展 80~90 mm。黄白色。前翅前缘、外缘黑色，黑色区散布淡黄色点斑；外缘黑区近臀角外变窄，亚前缘中部向内突出一枚钩状黑斑。后翅亚外缘一带有两列黑斑，两列黑斑仅在臀角处才相连。翅里灰白色；前翅中室基部和中室端外各有两枚黑点；两翅其半部暗黄色条斑的黑边缩减为两列黑点。

习性：在热带山地雨林常见。幼虫以豆科（黄檀）和鼠李科（翼核果）植物为食。成虫在夏季气候炎热时常集群在溪边吸水，飞行迅速。

螯蛱蝶 *Charaxes marmax*

蛱蝶科 Nymphalidae
螯蛱蝶属 *Charaxes*

识别特征：翅展70~85 mm。身躯被橙黄色绒毛，翅面橙黄色。前翅中室端部内外各有一黑斑；前、后翅外缘各有一列黑斑，后翅有2个尖突。

习性：幼虫以樟科（樟、潺槁木姜子）、大戟科（巴豆）植物为食。成虫喜欢在林间开阔地带和阳光充足的地方活动，飞行迅速，嗜吸食腐烂水果，也常吸食腐烂的动物尸体和人、兽粪便。

白带螯蛱蝶 *Charaxes bernardus*

蛱蝶科 Nymphalidae
螯蛱蝶属 *Charaxes*

识别特征：翅展80~110 mm。外形多样，一型全为黄褐色，前翅外缘黑褐色，后翅有暗褐色亚缘斑；前翅白色中带不呈锯齿状，后翅亚缘有黑斑隐现。二型前翅有较宽的白色锯齿状中带，后翅亚缘黑带的端部和臀角处有小白斑。雌蝶较雄蝶大，前、后翅面锯状白色中带更宽，后翅亚缘黑斑内的小白斑更明显。

习性：幼虫以樟科樟属（樟、油樟、浙江樟、楠木）、木姜子属，芸香科（降真香），豆科（海红豆、南洋楹）等植物为食。成虫常集群取食树汁、腐烂水果、动物粪液。飞行迅速。

花斑螯蛱蝶 *Charaxes kahruba*

蛱蝶科 Nymphalidae　螯蛱蝶属 *Charaxes*

识别特征：本种近似螯蛱蝶，但体型较大，红棕色。翅正面基部有多条波状横线；翅反面有褐色波状的中横带。

习性：主要生活在热带林区。幼虫以樟科植物为食，成虫取食树汁、腐烂水果，飞行迅速。

红锯蛱蝶 *Cethosia biblis*

蛱蝶科 Nymphalidae　锯蛱蝶属 *Cethosia*

识别特征：翅展 50~80mm。雄蝶翅面红色至橙黄色，雌蝶色暗。前、后翅外缘黑色并有锯齿状白线。前翅前缘和顶角为黑色，端部黑色区有一列白色点斑和 5 个白色马蹄形斑。翅反面黄褐色或橙黄色，两翅有淡色中横带及后中横带，其间有橄榄形黑色环列，每个环外侧有 2 个小黑点。前翅中室内有褐色和白色横带，其间有黑色细条纹。

习性：幼虫以西番莲科植物为食。成虫喜访花，飞行缓慢。

白带锯蛱蝶 *Cethosia cyane*

蛱蝶科 Nymphalidae 锯蛱蝶属 *Cethosia*

识别特征：翅展 70~80 mm。外缘锯齿状，亚外缘区有一列马蹄形斑。雄蝶前翅前缘、外缘、端角黑色，自前缘中部至亚外缘中部有一条弯曲的白带；其余部分橘红色。后翅大部为橘红色，中带各室各具一黑色点斑。雌蝶前翅面的橘红色退缩至后缘和基部，后翅以乳白色取代雄蝶相应部分的橘红色。

习性：栖息于低海拔山区，生活习性与红锯蛱蝶基本一致。幼虫以西蕃莲科蒴莲属植物为食。成虫喜访花，飞行缓慢，喜欢在林间开阔、阳光充足的地段活动。幼虫有群栖习性，取食叶片、卷须及绿色茎皮。

迷蛱蝶 *Mimathyma chevana*

蛱蝶科 Nymphalidae
迷蛱蝶属 *Mimathyma*

识别特征：翅黑色，前翅中室内有 1 个长箭状白纹，顶角有 2 个小白斑，中室端外有 7 个白斑，排成弧形。后翅有亚外缘和中横白带。翅反面上半部分银白色，外缘带和中横斜带上半部为棕色，其下半部除白斑外为黑色；后翅银白色，除白色外缘带和中横带外，有红褐色外横带及外缘带，两带在上下两端相连。

习性：幼虫以榆科黑榆、榔榆、榆树、大果榆等植物为食。成虫喜欢在林间开阔、阳光充足的河谷地带活动，飞行迅速。

环带迷蛱蝶 *Mimathyma ambica*

蛱蝶科 Nymphalidae
迷蛱蝶属 *Mimathyma*

识别特征：翅正面黑色，有蓝色闪光，中域有由白斑组成的白色带，亚缘具白色斑列（后翅更明显）；前翅具亚端斑。翅反面银白色，外缘呈棕褐色；两翅具褐色横带，前翅横带在臀角部环围 2 个黑色斑，后翅横带外缘呈齿状。

习性：幼虫以榆科榆属（黑榆、裂叶榆、榔榆等）植物为食。成虫喜欢在林间开阔、阳光充足的河谷地带活动，飞行迅速。

罗蛱蝶 *Rohama parisatis*

蛱蝶科 Nymphalidae
罗蛱蝶属 *Rohama*

识别特征：雄蝶翅深黑褐色，正面无斑纹显露。雄蝶棕红色，前翅近顶角有 4 个白色小点，中室内有 4 个黑斑，外侧 2 个甚大。前、后翅外缘有暗色宽带，亚缘有 2 列暗色斑，中部有不规则淡色带。翅反面亚缘外侧的斑列围有淡黄色环，在中部淡色带外侧有 1 条黑褐色带。

习性：生活于低海拔林区。幼虫以榆科朴属（珊瑚朴、黑弹朴）植物为食。成虫见于林间开阔、阳光充足的水边和小路。

帅蛱蝶 *Sephisa chandra*

蛱蝶科 Nymphalidae　帅蛱蝶属 *Sephisa*

识别特征：翅展 70~90 mm，雄翅黑色，前翅有一橘黄色弯曲后基带，后中区有一列白色斜斑带，亚端区有小白斑，亚缘有一模糊蓝色斑列；后翅面从基部到中区有橘黄色条纹，亚缘有同色方斑列，中室有一黑色圆斑。雌蝶多型，一般前翅中室有橘黄色斑，较雄蝶体型大，翅圆。

习性：生活于中、低海拔林区。幼虫以壳斗科栎属植物为食。1 年 1 代。成虫 6–7 月出现，活动于开阔的林间空地、溪流附近。

爻蛱蝶 *Herona marathus*

蛱蝶科 Nymphalidae

爻蛱蝶属 *Herona*

识别特征：翅黑褐色，前翅顶角有 2 个白点，上方 1 个模糊，臀角有 2 个圆斑；有 3 条褐黄色带，排成“三”形，从前缘中尖斜至臀角 1 条。中、后部各一条。略平行，2a 室基部 1 条。后翅斑纹似一开口向内的大“U”形。翅反面色淡，斑纹同正面，但后翅基部和 2a 室各有 1 个小黑点。

习性：生活于中、低海拔林区。幼虫以榆科黑弹朴等植物为食。常在树干上吸食汁液，也见于地上吸食腐烂的果实。

芒蛱蝶 *Euripus nyctelius*

蛱蝶科 Nymphalidae　芒蛱蝶属 *Euripus*

识别特征：雄蝶翅正面黑色，条斑乳黄色；两翅外缘各有1列小点（前翅顶角处模糊）；前翅中域有2列斑，内列 cu_2室斑最大，中室内有大小2个斑和1条纵线，2a 室基部也有1条纵线；后翅中室乳黄色，中室外各室均有1个伸至中域的条斑，外缘 M_3脉端凸出，肘脉端凹陷。翅反面黄褐色，前翅后角处和臀角蓝黑色，斑纹颜色和排列同正面。雌蝶多态型，翅面和反面色彩与斑纹多变化。一般翅呈褐色，有紫色光泽，有白斑或白色有黑斑，模仿紫斑属（*Euplea*）的种类。

习性：生活于中、低海拔林区。幼虫以榆科（山黄麻等）和荨麻科植物为食。成虫见于河边及小路上，吸食腐烂的果实，也见于水边沙滩上吸水。

拟斑脉蛱蝶 *Hestina persimilis*

蛱蝶科 Nymphalidae
脉蛱蝶属 *Hestina*

识别特征：翅淡绿白色，脉纹黑色。前翅有几条横带，留出淡绿色部分成斑状。与黑脉蛱蝶很相似，但外缘少1列绿斑；后翅无红色斑，各室亚缘有黑色小眼斑。

习性：生活于中、低海拔林区。幼虫以榆科朴树等植物为食。成虫常见于林区小路及溪流边，阳光充足时段活动较频繁。

窦蔾纹脉蛱蝶 *Hestina nama*

蛱蝶科 Nymphalidae　脉蛱蝶属 *Hestina*

识别特征：翅面黑色，有许多不规则尖形白斑；前翅中室内白斑分开，有2中列、1亚端列、1亚缘列白斑，后缘1室有2平行白条纹；后翅基部半部脉间白色，端部的边缘及亚缘均有小白斑列。翅反面似正面，但前翅顶角、后半部及后翅端区呈深褐色。

习性：生活于中、低海拔林区。幼虫以榆科（朴树）和荨麻科（舌株麻属、水麻属和紫麻属）植物为食。访花，也吸食树汁、腐烂果实和动物粪便。

秀蛱蝶 *Pseudergolis wedah*

蛱蝶科 Nymphalidae

秀蛱蝶属 *Pseudergolis*

识别特征：翅正面赭色，前后翅中室内各有2个肾形环纹，前翅端半部有3条黑线，亚缘线内侧有等距排列的小黑点：前翅4个，后翅5个。翅反面暗褐色，外缘线细，呈锯齿状，两边淡紫色，中域有2条黑褐色的波状宽带。

习性：幼虫以荨麻科水麻属的水麻、柳叶水麻、长叶水麻等植物为食。成虫飞行缓慢，访花，常在低地河边活动，吸食树汁、腐烂水果。

素饰蛱蝶 *Stibochiona nicea*

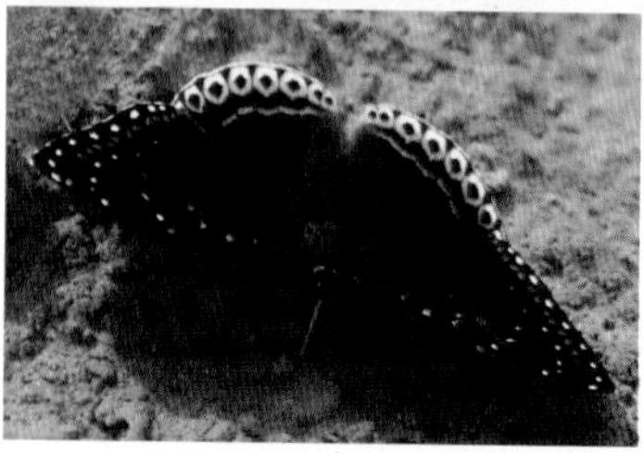

蛱蝶科 Nymphalidae
饰蛱蝶属 *Stibochiona*

识别特征：翅面黑色，反面棕褐色。前翅外缘有1列整齐的小白斑，其中2a室有2个，亚外缘有1列小白斑，上述2列白斑间有1条蓝色线。中室内有3条蓝白色短线，中室外侧也有数个小白斑。后翅外缘有1列白斑，白斑内侧有1列黑色和蓝色带。翅反面斑点同正面，且更清晰。

习性：幼虫以荨麻科冷水花属（粗齿冷水花）、紫麻属（紫麻）、苎麻属（水苎麻、长叶苎麻）及桑科榕属的部分植物为食。成虫夏季出现，访花、吸食树叶及果实，飞行与停歇频繁。

电蛱蝶 *Dichorragia nesimachus*

蛱蝶科 Nymphalidae
电蛱蝶属 *Dichorragia*

识别特征：翅黑蓝色，雄蝶有闪光，前翅亚缘各室有白色电光纹，中室内有2个白紫斑，中域各室有白色斑点（前面4个长形）；后翅亚缘有5个黑色圆斑，外侧的电光纹较小。翅反面斑纹同正面。

习性：生活于低海拔山区。幼虫以清风藤科泡花树属（笔罗子、腺毛泡花树、紫珠叶泡花树、樟叶泡花树、单叶泡花树）植物为食。成虫春、夏两季多见，吸食水、腐烂水果、树汁及动物粪便。有受惊扰飞后再次回到原地的习性。

文蛱蝶 *Vindula erota*

蛱蝶科 Nymphalidae　文蛱蝶属 *Vindula*

识别特征：翅展 50~80 mm。雄蝶翅面黄褐色，自亚外缘向内并排 2 列黑褐色波状线纹。前翅中室有 4 条黑褐色横线纹，最外一条向后缘延伸至第 2 室。后翅自顶角向臀角直走一列黑褐色宽条状斑纹；第 3 脉向外延长成刺状尾突。雌蝶体型更大，中后区的横带灰白色，其外侧有明显的褐色波纹。

习性：生活于低海拔山区。幼虫以西番莲科蒴莲属三开瓢、滇南蒴莲、异叶蒴莲等植物为食。成虫春、夏两季较多，访花，飞行迅速，天气炎热时会与其他蝴蝶一起集群在溪流边吸水。

彩蛱蝶 *Vagrans egista*

蛱蝶科 Nymphalidae
彩蛱蝶属 *Vagrans*

识别特征：翅赭色，斑纹黑色，外缘黑色宽阔，夹有 1 条微波状赭色线，后中域有 4 个黑点，基部灰黑色；后翅基部灰色，M_3脉伸为尾突。翅反面淡土黄色，具光泽，有白色斑混杂其中，其余同正面。

习性：幼虫以大风子科刺篱木属（大叶刺篱木）、天料木属、柞木属，以及五桠果科五桠果属的部分植物为食。成虫夏季多见，喜欢访花、吸食人汗，飞行迅速，受惊起飞后，有回到原处停息的习性。

黄襟蛱蝶 *Cupha erymanthis*

蛱蝶科 Nymphalidae
襟蛱蝶属 *Cupha*

识别特征：翅褐色，斑纹黑色。前翅端半部黑色，顶角有1个小黄斑，中域有1条橙黄色不规则宽带，内有2个黑斑；后翅外缘黑色，亚缘有2条新月纹连成的黑线，中域有5个黑色圆点，前缘有2个白斑，后方有2条黑褐色细线纹。反面土黄色，前翅中域不规则带黄白色，前、后翅中域各有1列斜的黑色圆点。

习性：生活于中、低海拔山区。幼虫以大风子科的挪挪果、山刺篱木、箣柊、大果刺篱木、山刺子、柞木、鲁花树、天料木，杨柳科的垂柳、水社柳等植物为食。成虫常在林间开阔地、灌丛及河流附近活动，除访花外，还吸食树荫下的腐熟落果汁液及潮湿地面的水分。

珐蛱蝶 *Phalanta phalantha*

蛱蝶科 Nymphalidae　珐蛱蝶属 *Phalanta*

识别特征：翅橘黄色，有黑色斑纹和条纹。前翅中室有4条黑色弯曲横线，中域有3列斑点及波状缘线和外缘线。翅反面色较浅，基半部有多条深褐色横线，中部有较明显的白带；前翅后角有黑斑；后翅外缘有类似眼纹的黑斑。两翅外缘微带紫色。

习性：幼虫以杨柳科柳属、杨属，大风子科箣柊属，刺篱木属，天料木属，栀子皮属及柞木属等植物为食。成虫访花，也常到河边潮湿沙地吸水，飞行迅速。

裴豹蛱蝶 *Argyreus hyperbius*

蛱蝶科 Nymphalidae

裴豹蛱蝶属 *Argyreus*

识别特征：翅展65~75 mm，雌雄异型。雄蝶翅面红黄色，有黑色豹斑，前翅中室有4横纹，后翅面外缘有两条波纹线，中间夹有青蓝色新月斑。前翅里顶角暗绿色，有几个小银色斑纹，后翅里有银白色斑和绿色圆斑。雌蝶前翅面端半部紫黑色，有一条宽的白色斜带，顶角有几个白色小斑。

习性：分布较广泛，海拔500~2000 m均有分布。幼虫以堇菜科堇菜属植物紫花地丁、箭叶堇菜、心叶堇菜、戟叶堇菜、光瓣堇菜、七星莲、台湾堇菜、台北堇菜、戟叶紫花地丁、三色堇等为食。成虫喜访花，飞行迅速。

小豹蛱蝶 *Brenthis daphne*

蛱蝶科 Nymphalidae

小豹蛱蝶属 *Brenthis*

识别特征：翅橙黄色，前、后翅外部各有3列黑斑，前翅中室后有1列斜黑斑，后翅基部黑纹连成不规则网状。反面前翅色淡，顶角黄绿色；后翅基半部黄绿色，有褐色线分布，端半部淡紫红色，中间有深褐色带和5个大小不等的圆纹。

习性：幼虫以堇菜科堇菜属，蔷薇科悬钩子属、地榆属（地榆）、蚊子草属（蚊子草）等植物为食。成虫喜访花，飞行迅速。

银豹蛱蝶 *Childrena childreni*

蛱蝶科 Nymphalidae
银豹蛱蝶属 *Childrena*

识别特征：翅正面橙黄色，斑纹黑色。前翅外缘有1条黑细线和1列相连的小斑，亚外缘有2列近圆形斑；后翅外缘波状，外缘和亚外缘斑列似前翅，中域斑列弯曲，后缘近基部密被橙黄色长毛，外缘中下部有一宽阔的青蓝色区，雌蝶翅青蓝色区域更宽。前翅反面顶角区淡黄褐色，有2条白色短弧线，形成1个缺环；后翅灰绿色，有许多纵横交错的银白色网状纹。

习性：幼虫以堇菜科堇菜属植物为食。成虫飞行迅速，取食花粉、花蜜和植物汁液。

绿裙玳蛱蝶 *Tanaecia julii*

蛱蝶科 Nymphalidae
玳蛱蝶属 *Tanaecia*

识别特征：雌雄异型。雄蝶翅正面黑褐色，后翅外缘有1条从臀角沿外缘伸达顶角的蓝色带。前翅反面赤褐色，翅基部和后翅黄绿色，两翅端半部有2条黑点列。雌蝶翅正面较雄蝶色淡，亚顶端部有2个大白斑，后翅无蓝色带；翅反面除亚顶端部2个白斑外，同雄蝶相似。

习性：生活于低海拔热带地区。幼虫以山榄科藏榄属藏榄等植物为食。常在沟谷地带活动，吸食腐烂果汁及树汁，也常到溪流边吸水，受惊扰后飞往高处的树顶停歇。

褐裙玳蛱蝶 *Tanaecia jahnu*

蛱蝶科 Nymphalidae　玳蛱蝶属 *Tanaecia*

识别特征：雄蝶翅正面黑色条纹较显著，后翅无蓝色带，翅反面中室外侧的两条断续的黑色线相距较远。雌蝶正面颜色较淡，亚外缘横带宽，前翅 m_1 至 cu_1 室有白斑，顶角有 2 个小白斑。前翅反面白斑退化，后翅反面除顶端部外，其余蓝绿色。

习性：栖息于低海拔热带地区。成虫喜欢在林间开阔地及沟谷地带活动，吸食腐烂果实及树汁，也常到溪流边吸水。

白裙翠蛱蝶 *Euthalia lepidea*

蛱蝶科 Nymphalidae　翠蛱蝶属 *Euthalia*

识别特征：雄蝶翅正面浓黑褐色，斑纹不明显。前翅顶角突出呈隼喙状，沿外缘从臀角至顶角有逐渐变窄的灰白色窄带；后翅外缘有灰白色带宽。翅反面灰黄色，前后翅外缘带灰白色，前翅外半部的黑线不清晰。雌蝶斑纹明显，有紫色光泽。

习性：栖息于低海拔热带地区。幼虫以柿科柿属（柿树）、桑寄生科、野牡丹科（野牡丹）、玉蕊科（棠玉蕊）等植物为食。成虫喜欢在林间开阔地及沟谷地带活动，吸食腐烂果实及树汁，也常到溪流边吸水。

红斑翠蛱蝶 *Euthalia lubentina*

蛱蝶科 Nymphalidae
翠蛱蝶属 *Euthalia*

识别特征：雌雄异型，翅正面均黑色。雄蝶前翅中室中部及端脉各有1个红斑，中间夹一个白斑，中室端外有3个白斑，亚缘列白斑7~8个，后翅外缘列及亚缘列各3个斑及1个红色臀斑。翅反面色浅，斑纹同正面，但后翅基部有几个红斑，亚缘红斑7个。雌蝶比雄蝶大，斑纹扩大而显著，m_3与cu_1室2斑特别大。翅反面翅色棕褐色，除翅基部有几个红斑外，其余斑纹均同正面。

习性：栖息于低海拔热带地区。幼虫以桑寄生科桑寄生属（广寄生、桑寄生、红花寄生）、梨果寄生属（锈毛梨果寄生）、鞘花属（鞘花）、大苞鞘花属（苞花寄生）等植物为食。成虫可见于林缘溪流边吸水。

暗斑翠蛱蝶 *Euthalia monina*

蛱蝶科 Nymphalidae
翠蛱蝶属 *Euthalia*

识别特征：雄蝶翅黑色，前翅端半部、后翅端部2/3呈蓝灰色，两翅隐约可见波状外横线，前翅m_3室有1个小黄斑，翅反面赭褐色，有黑色中横线及外横线；前翅中室内有5个短线，顶角有白斑，中室后有1个圆黑点，后翅基部有4个黑圈。雌蝶翅基部黑色，端部淡褐色，外横线明显，外横线与中横线有2列灰白斑。

习性：栖息于热带冲积平原和半山区。幼虫以大戟科的毛桐等植物为食。成虫见于夏季，喜在日光下活动，飞翔迅速，行动敏捷。

鹰翠蛱蝶 *Euthalia anosia*

蛱蝶科 Nymphalidae
翠蛱蝶属 *Euthalia*

识别特征：雌雄斑纹基本相同，前翅顶角凸出，呈鹰嘴状，雌蝶前翅正面黑棕色，有不显著的灰色中带，后翅暗棕色，肩角有1个小白点。雌蝶比雄蝶大，前翅中部前缘到 cu_1 室有白斑组成弯曲的斑列。

习性：栖息于热带、亚热带林缘地带。幼虫以漆树科的芒果等植物为食。成虫见于夏季，喜在日光下活动，吸食树汁及腐烂果实，飞翔迅速。

尖翅翠蛱蝶 *Euthalia phemius*

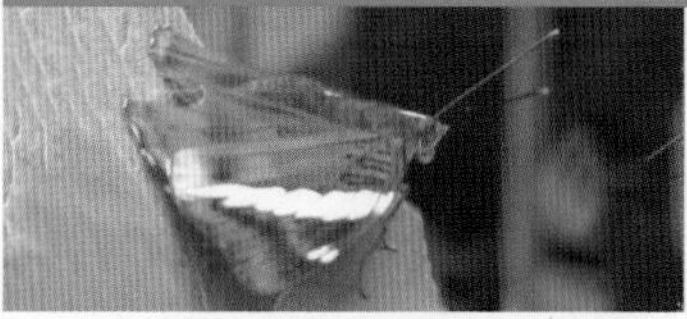

蛱蝶科 Nymphalidae
翠蛱蝶属 *Euthalia*

识别特征：雌雄异型，雄蝶前翅顶角与后翅臀角尖锐，翅黑色。前翅正面中室外侧有白色细线组成的“Y”形纹，后翅有大的蓝色三角形臀斑。雌蝶比雄蝶大，翅角不尖。前翅从前缘至外缘近臀角有 1 个白斑组成的斜带，第 2 室的白斑外缘有深缺刻。

习性：幼虫以无患子科的荔枝、漆树科的芒果和蔷薇科的扁桃等植物为食。成虫以花粉、花蜜、植物汁液为食。

矛翠蛱蝶 *Euthalia aconthea*

蛱蝶科 Nymphalidae
翠蛱蝶属 *Euthalia*

识别特征：翅展65~75 mm。雄蝶较雌蝶翅尖，色较深，棕褐色，前后翅外缘色淡，有黑色宽而模糊的中带及较窄的外中带，中室内有黑色环纹；前翅中室外有5个白斑，排成弧形。翅反面基部淡灰绿色，端部棕色，外缘紫色，除无中带外，其余斑纹同正面。

习性：分布于中、低海拔山区。幼虫以漆树科（腰果、芒果），桑寄生科（红花寄生、玉蕊寄生），桑科桑属、鹊肾树属（鹊肾树），壳斗科（苦槠）以及蔷薇科的蔷薇属植物为食。成虫主要以腐烂水果、植物汁液为食，也访花。

V纹翠蛱蝶 *Euthalia alpheda*

蛱蝶科 Nymphalidae　翠蛱蝶属 *Euthalia*

识别特征：翅正面灰褐色，前翅中室外 r_3、r_5、m_1、m_2 室内有白斑（雌蝶 m_3 室也有一个小的白斑），第一个小，其后每个斑纹由“V”形纵线组成，第二条中断，整个斑纹呈“V”形。前、后翅有黑色模糊的外横带斑列。翅反面淡灰褐色，前后翅顶角下方有银灰色斑，前、后翅中室内有环纹，白纹与横带斑列明显。

习性：分布于低海拔山区。幼虫以漆树科的芒果等植物为食。成虫喜食芒果、香蕉的汁液，也访花，飞行迅速。

小豹律蛱蝶 *Lexias pardalis*

蛱蝶科 Nymphalidae　律蛱蝶属 *Lexias*

识别特征：翅展 70~95 mm，雌雄异型。雄蝶翅正面黑色，前翅外缘有明显的前窄后宽的蓝紫色带，后翅的蓝紫色带更宽，黑色圆点更明显，翅反面雄蝶红褐色，雌蝶前翅淡绿褐色，后缘灰绿色，触角黄褐色。

习性：幼虫以金丝桃科的藤黄属、黄牛木属（黄牛木）等植物为食，常于林下吸食果汁。成虫见于夏季，喜在林下有日光的地方，吸食树汁及腐烂果实，飞翔迅速。

黑角律蛱蝶 *Lexias dirtea*

蛱蝶科 Nymphalidae　律蛱蝶属 *Lexias*

识别特征：成虫翅面黑色或黑褐色，有青蓝色带，雄蝶翅正面黑色，前翅正面有宽阔的蓝灰色外缘带，后翅中外区有 1 条蓝色宽横带，反面黄褐色。雌蝶体型较大，翅正面散布浅黄色斑点，排列成带状或半环状。本种与小豹律蛱蝶非常相似，其显著的区别为触角黑色。

习性：本种与小豹律蛱蝶相似，幼虫以金丝桃科的藤黄属、黄牛木属（黄牛木）等植物为食，常于林下吸食果汁。成虫见于夏季，喜在林下有日光的地方，吸食树汁及腐烂果实，飞翔迅速。

珠履带蛱蝶 *Athyma asura*

蛱蝶科 Nymphalidae　带蛱蝶属 *Athyma*

识别特征：翅正面黑褐色，斑纹白色。前翅中室内条斑细，末端断开；中横带列排成横“V”形，“V”的顶斑在 m_2室，特别小；亚外缘斑列细，在每一翅室内成新月形。后翅中横带极倾斜，边整齐；外横列斑圆形，中有黑色圆点。翅反面红褐色，中室内的条斑宽，后翅肩区有1个白纹；前、后翅都有白色的外缘纹、亚外缘纹及有黑圆点的外横列斑。

习性：本种栖息于热带森林。幼虫以茜草科茜树属香楠和冬青科冬青属大叶冬青等植物为食。成虫见于夏季，天气炎热时常与其他蝶类聚集在河边吸水，飞翔迅速。

玄珠带蛱蝶 *Athyma perius*

蛱蝶科 Nymphalidae
带蛱蝶属 *Athyma*

识别特征：前翅白斑多，大而显著，略显浑圆，中横斑列、外横斑列及亚缘线均完整，后翅中横列斑及外横列斑内侧有黑色圆点。翅反面黄褐色，外缘黑色，前翅白斑多围有黑边；后翅外横列斑内侧圆形黑点特别明显。

习性：幼虫以大戟科算盘子属（毛果算盘子、艾胶算盘子、算盘子、白背算盘子）、馒头果属（黑白馒头果、细叶馒头果）、叶下株属植物为食。成虫访花，多见于次生林及平地森林开阔地区。

新月带蛱蝶 *Athyma selenophora*

蛱蝶科 Nymphalidae　带蛱蝶属 *Athyma*

识别特征：雄雌异型。雌蝶前翅中横列前面几个白斑及外横列所有斑纹均为新月形；后翅正面呈现亚外缘带。雄蝶前翅只见亚顶角处 2 个新月斑，中室外从 m_3室基部到翅后缘有 5 个白斑重叠，连后翅横带，组成一似响尾蛇的图形。

习性：栖息于中低海拔山区。幼虫以茜草科水团花属植物（水团花、心叶水团花）、玉叶金花属（玉叶金花、小玉叶金花）、水锦树属（台湾水锦树、水金京）等植物为食。成虫访花，采食花粉和花蜜，也取食植物汁液，多在林区边缘活动。

双色带蛱蝶 *Athyma cama*

蛱蝶科 Nymphalidae
带蛱蝶属 *Athyma*

识别特征：雄蝶顶角有 1 个赭黄色斑，中横带白色，有蓝色光泽，在 m_3室中断，m_2室内呈 1 个小点；中室内眉纹及亚缘隐约为暗赭色细线。后翅中横带白色，外横带窄，暗赭色。雌蝶所有斑带均明显，呈赭黄色，中室内眉纹箭状，不断裂。

习性：栖息于中、低海拔山区。幼虫以大戟科算盘子属算盘子、披针叶算盘子、甜叶算盘子、香港算盘子、台闽算盘子植物为食。成虫访花，多在林区空地及小路上活动。

离斑带蛱蝶 *Athyma ranga*

蛱蝶科 Nymphalidae　带蛱蝶属 *Athyma*

识别特征：翅正、反面均黑褐色，斑纹白色；前翅中室内条纹碎成不规则的小块，中室下也有小块斑分布，中横列斑分成 3 组；后翅第一个中横列斑大而分开，外横列斑分离，不形成带。

习性：幼虫以木犀科木犀属桂花和女贞属女贞、小蜡等植物为食。成虫访花、吸食水果等，多在林区空地及小路上活动。

畸带蛱蝶 *Athyma pravara*

蛱蝶科 Nymphalidae
带蛱蝶属 *Athyma*

识别特征：翅正面黑褐色，斑纹白色，前翅中室内有棒状纹，基部细而端部粗，近顶角有 3 个小白斑。外形明显较小，中横列的 m_2室斑极小，外移到外横列的位置，m_3室斑消失，cu_1室斑大而圆形。

习性：栖息于低海拔山区。成虫访花、吸食水果等，多在林区空地及小路上活动。

相思带蛱蝶 *Athyma nefte*

蛱蝶科 Nymphalidae
带蛱蝶属 *Athyma*

识别特征：翅黑色，雄蝶前翅中室眉斑白色，断裂成4段；中横列斑白色，其中 m_3室斑断裂成2小白点；顶角斑及亚缘斑赭黄色。后翅中横带白色，外横带部分或全部赭黄色。雌蝶中室内眉斑锯状，不断裂；所有斑纹均赭黄色，阔。

习性：栖息于中、低海拔的地区。幼虫以大戟科算盘子属毛果算盘子、玉叶金花属羊玉叶金花等植物为食。成虫喜在马缨丹等花上吸食花蜜。也常与其他蝶类一起在水边及林区小路上的小水坑中吸水。

穆蛱蝶 *Moduza procris*

蛱蝶科 Nymphalidae　穆蛱蝶属 *Moduza*

识别特征：翅展55~65 mm，翅正面红褐色，有白斑组成的宽中带横贯两翅，中室端斑白色；具外缘线及亚外缘线。翅反面同正面，但基部底色淡蓝色。

习性：幼虫以茜草科玉叶金花属（玉叶金花）、钩藤属（钩藤）、乌檀属（乌檀）、水锦树属（水锦树）、土连翘属（毛土连翘）、帽蕊木属、新乌檀属、海茜树属，以及桃金娘科和使君子科的多种植物为食。成虫访花吸食花蜜、过熟果实汁液以及流出的树汁等。

玛萨雷蛱蝶 *Lebadea martha*

蛱蝶科 Nymphalidae　雷蛱蝶属 *Lebadea*

识别特征：本种前翅较长，端部窄，在 M_2脉处形成钩状。翅正面黄褐色，翅基部有黑色线条，前翅前缘至臀角中域分布白色横带，中横带外有齿状白色小斑。前翅顶端及亚缘被白色鳞片。后翅具波状外横线。翅反面似正面，但后翅基部被白色鳞片。

习性：栖息于低海拔热带林区。成虫在夏季出现，天气良好日光充足时活动于林间空地，访花，呈波浪状飞行。

肃蛱蝶 *Sumalia daraxa*

蛱蝶科 Nymphalidae
肃蛱蝶属 *Sumalia*

识别特征：前翅顶角及后翅臀角尖出，翅正面黑色，从前翅近顶角处到后翅 2A 脉有白斑组成的中带横贯；隐约可见淡色亚缘线及 1 列黑点。翅反面色淡，斑纹略同正面。

习性：栖息于中、低海拔热带地区。幼虫以杨柳科杨属和柳属植物的树叶为食。成虫出现于夏季，在森林周边活动，受惊扰后有飞回原处的习性。

金蟠蛱蝶 *Pantoporia hordonia*

蛱蝶科 Nymphalidae　蟠蛱蝶属 *Pantoporia*

识别特征：翅正面黑色，斑纹黄色。前翅中室条与室侧条愈合不完整，形成1条有缺刻的棒状纹，其末端（室侧条）占据m_3室和基部，上外带及下外带斑愈合在一起，亚缘列隐约可见。后翅中带、外侧带显著。

习性：栖息于低海拔热带地区。幼虫以含羞草科合欢属（天香藤、刺藤）、猴耳环属（猴耳环）、金合欢属（印度相思树）植物为食。成虫出现于夏季，在森林周边活动，喜欢访草本植物的花。

山蟠蛱蝶 *Pantoporia sandaka*

蛱蝶科 Nymphalidae

蟠蛱蝶属 *Pantoporia*

识别特征：本种与金蟠蛱蝶相似，前翅缘毛黑色，橘黄色的亚缘线完整、清晰。后翅外缘线显著。

习性：栖息于低海拔热带地区。成虫出现于夏季，在森林周边活动，喜欢访草本植物的花，也常在溪流边吸水。

短带蟠蛱蝶 *Pantoporia assamica*

蛱蝶科 Nymphalidae　蟠蛱蝶属 *Pantoporia*

识别特征：小型蛱蝶，正面带纹为鲜亮的橙色，与近缘种的区别在于：后翅正面外中域的黑色带较短，不延至后翅内缘，其内侧尚有橙色区。

习性：栖息于热带林区。成虫在夏季雨后阳光较强烈的天气较活跃，访花、吸水，飞行缓慢。

小环蛱蝶 *Neptis sappho*

蛱蝶科 Nymphalidae　环蛱蝶属 *Neptis*

识别特征：翅正面黑色，斑纹白色。前翅中室条近端部被暗色线切断。后翅中带约等宽，外侧带被深色翅脉隔开。触角末端颜色淡。翅反面棕红色，白色斑纹外缘无黑色外围线。

习性：幼虫以豆科紫藤属（紫藤）、杭子梢属（杭子梢）、胡枝子属（胡枝子）、山黧豆属、槐属，榆科朴属（珊瑚朴）、蔷薇科绣线菊属等植物为食。成虫访花，在山区森林周围活动。

中环蛱蝶 *Neptis hylas*

蛱蝶科 Nymphalidae　环蛱蝶属 *Neptis*

识别特征：本种与小环蛱蝶相近似，前翅正面中室条近端部也有深色横线，但翅的反面棕黄色，后翅中带及外带等白斑纹具有深色的外围线。

习性：幼虫寄主植物有榆科山黄麻，豆科野葛、假地豆、葛麻姆、三裂叶野葛、长波叶山蚂蝗、千斤拔属、鸡血藤属、异叶山蚂蝗、小槐花、直生刀豆、短豇豆、葫芦茶、胡枝子，椴树科扁担杆属、刺蒴麻属、黄麻属，以及木棉科木棉属等。成虫访花，在山区森林周围活动，林缘灌丛、小溪边易见到。

耶环蛱蝶 *Neptis yerburii*

蛱蝶科 Nymphalidae
环蛱蝶属 *Neptis*

识别特征：本种与小环蛱蝶相似，但前翅中室条内无深色横线；后翅缘毛白色斑所占比例小，中带幅宽一致，外侧带内缘近直线状。

习性：幼虫以榆科的南洋朴为食。成虫访花，在山区森林周围活动，林缘灌丛、小溪边易见到。

娜环蛱蝶 *Neptis nata*

蛱蝶科 Nymphalidae
环蛱蝶属 *Neptis*

识别特征：翅面黑色，斑纹白色，无奶油色调。翅正面斑纹较细窄，后翅中带幅宽一致。

习性：幼虫以豆科草葛属（三裂叶野葛）、葛属（野葛），榆科山黄麻属（山黄麻）、朴属（四蕊朴），大戟科土蜜树属（禾串树）等植物为食。成虫访花，在山区森林周围活动，林缘灌丛、小溪边易见到。

白环蛱蝶 *Neptis leucoporos*

蛱蝶科 Nymphalidae
环蛱蝶属 *Neptis*

识别特征：本种与其他种的重要区别在于腹基部有窄白带，后翅中带前方只伸至 Rs 脉。前翅亚缘列斑显著。

习性：成虫夏季出现，访花，在低海拔山区的森林周围活动，在林缘灌丛、小溪边湿地吸水时易见到。

基环蛱蝶 *Neptis nashona*

蛱蝶科 Nymphalidae　环蛱蝶属 *Neptis*

识别特征：本种的显著特征为后翅反面基条宽大，与 $Sc+R_1$ 脉相接触，无亚基条。前翅正面中室条与室侧条愈合完整，下外侧带 m_3 室无斑纹，cu_2、2a 室斑窄小。

习性：栖息于中、低海拔山区。成虫夏季出现，访花，在低海拔山区的森林周围活动，在林缘灌丛、小溪边湿地吸水时易见到。

阿环蛱蝶 *Neptis ananta*

蛱蝶科 Nymphalidae　环蛱蝶属 *Neptis*

识别特征：翅正面黑色，斑纹黄色。前翅中室条与室侧条愈合不完整，前缘愈合处有缺刻，上外带 r_5 室斑的侧下角有 1 个长的尖尾突。后翅中带与外带约等宽。后翅反面的中带与中线在 $sc+r_1$ 室相距很近，缘毛黑白对比不显著。后翅反面基带宽大，无亚基条。

习性：幼虫以樟科楠属台楠为食。栖息于中、低海拔山区。成虫访花，常在低海拔山区林缘灌丛、小溪边活动。

丽蛱蝶 *Parthenos sylvia*

蛱蝶科 Nymphalidae
丽蛱蝶属 *Parthenos*

识别特征：翅展 90~100mm。翅面橄榄绿色或微带淡蓝色。前翅有不同形状的大白斑（周围有黑色边）组成类似三角形图案，亚缘有窄的黑色带，两翅基部黑条纹，与橄榄绿色相间；后翅亚基区有 1 弯列黑斑，其外侧有放射状黑条纹，亚缘脉间有大三角形黑斑。翅反面淡绿色，斑纹如翅面，但色更淡。

习性：幼虫以葫芦科茅瓜属、马瓞儿属、栝楼属；西番莲科西番莲属、蒴莲属；防己科青牛胆属等植物为食。成蝶波浪式飞行，飞行迅速。喜食腐果和树汁，亦访花。

波蛱蝶 *Ariadne ariadne*

蛱蝶科 Nymphalidae
波蛱蝶属 *Ariadne*

识别特征：翅正面红褐色，双翅从基部到外缘有 5 条横贯翅面的黑色波状细纹，前翅 m_1 和 cu_1 室外凸成角状，前翅亚端部有 1 个小白点；翅反面色较正面浓，除最外 1 条线纹外，翅基至中部有 3 条褐红色带，中部的 1 条最宽，但外缘模糊。

习性：幼虫以大戟科蓖麻属（蓖麻）、铁苋菜属（铁苋菜）、刺洋藤属植物为食。成虫访花，飞行缓慢，中、低海拔地区全年可见，主要在林缘开阔地、河流附近活动，尤其是在有蓖麻等植物生长的地方最容易发现。

细纹波蛱蝶 *Ariadne merione*

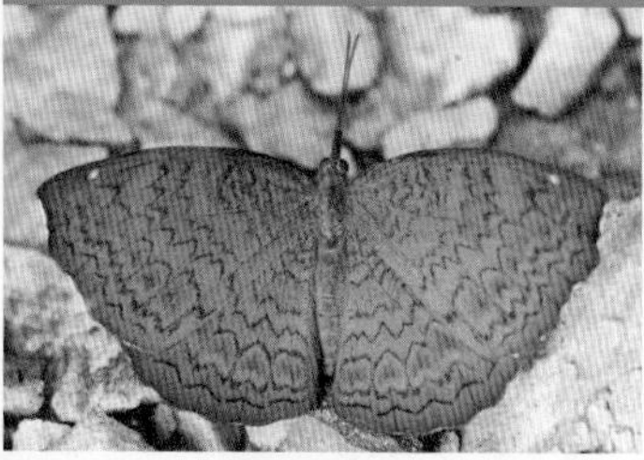

蛱蝶科 Nymphalidae
波蛱蝶属 *Ariadne*

识别特征：本种形态类似于波蛱蝶，但翅更圆，颜色更深，两翅横穿的深褐色波状线为双线。翅反面横带宽，但更模糊。雌蝶较雄蝶的横带更宽。旱季型底色淡，横穿的双线更清楚，形成带状。

习性：主要栖息于中、低海拔地区。幼虫以大戟科蓖麻属蓖麻为食。成虫主要在林缘开阔地、河流附近活动，尤其是有蓖麻等植物生长的地方最容易发现，访花，飞行缓慢。

褐带炫蛱蝶 *Laringa horsfieldi*

蛱蝶科 Nymphalidae
炫蛱蝶属 *Laringa*

识别特征：前翅外缘、M_1和Cu_2脉突出，两者间刻入，呈波状圆弧状；雄蝶翅褐色，翅基部深褐色，在前、后翅中域具1条灰色条带和一条深褐色条带，前翅中室顶部褐色带向外凸出，后翅各脉均不凸出。翅反面灰白色，自前翅前缘到后翅后缘具3条黑褐色条纹。雌蝶斑纹与雄蝶相似，但底色偏棕黄色。

习性：本种为国内新记录，十分罕见。主要栖息于中海拔的山地森林。成虫在开阔地阳光强烈时活动。飞行迅速。

网丝蛱蝶 *Cyrestis thyodamas*

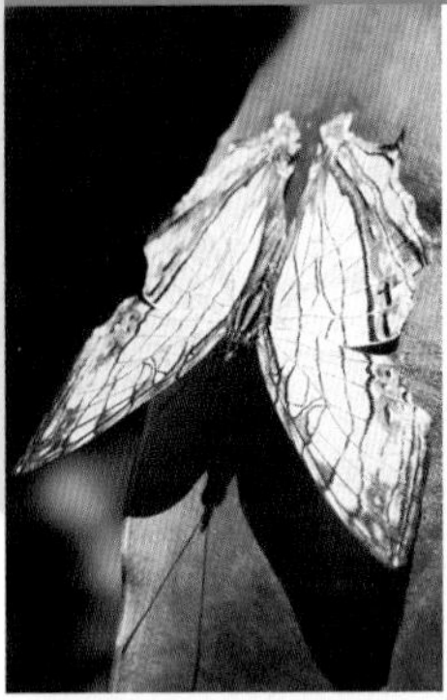

蛱蝶科 Nymphalidae　丝蛱蝶属 *Cyrestis*

识别特征：翅展 50~60mm。翅白色，并呈半透明状，前、后翅均有多条黑褐色线状纵纹，后翅臀角黄褐色，并向外延长成尾突；外缘靠臀角处有细而短的尾突。翅直立合并时，后翅的两对尾突酷似头部，但常见其展翅停息于树叶和沙石上，外形似一幅地图，因而得名“地图蝶”。

习性：幼虫以桑科榕属的无花果、榕树、矮小天仙果、匍茎榕、台湾榕、棱果榕等植物为食。成虫访花，常贴地面呈波浪状飞行，飞行缓慢。

黄绢坎蛱蝶 *Chersonesia risa*

蛱蝶科 Nymphalidae
坎蛱蝶属 *Chersonesia*

识别特征：小型蛱蝶，翅面橙红色或橙黄色，翅面共有 10 条黑褐色条纹，起自前翅前缘，向后翅臀角汇聚。

习性：栖息于抵海拔热带林区。幼虫以桑科榕属斜叶榕等植物为食。成虫见于林间小路有小水坑的地方吸水。常贴地面飞行，飞行缓慢。

蠹叶蛱蝶 *Doleschallia bisaltide*

蛱蝶科 Nymphalidae
蠹叶蛱蝶属 *Doleschallia*

识别特征：翅展60~70mm。翅面栗褐色，前翅顶角和外缘黑色；中域前半部淡黄色，淡黄色区域横布一枚黑色眉状斑。前翅亚臀缘带和后翅栗褐色；后翅1B脉向外延长呈叶柄状尾突。翅里自前翅前缘到后翅尾突直贯一条脊状线纹；其余部分色彩因季节和地域略有变化，但酷似一片秋叶。

习性：栖息于中、低海拔山地。幼虫以爵床科山壳骨属（云南山壳骨、山壳骨、海康钩粉草）、赛山蓝属（赛山蓝）、喜花草属（喜花草），豆科刺桐属，以及桑科菠萝蜜属（菠萝蜜）等植物为食。成虫访花，也取食树液和腐烂水果。

枯叶蛱蝶 *Kallima inachus*

蛱蝶科 Nymphalidae
枯叶蛱蝶属 *Kallima*

识别特征：翅展70~85mm。翅面泛紫蓝色或淡蓝色，顶角尖而向外钩。前翅从前缘中部至臀角有一橘黄色的宽斜带，亚端区和中部各具一白色点斑。后翅大部分紫蓝色，亚缘带有波状深色线纹。翅里酷似枯叶，因其具有保护色而极具观赏性。

习性：幼虫以爵床科马蓝属、板蓝属、金足草属、鳞花草属、狗肝菜属、黄猄草属、水蓑衣属；荨麻科蝎子草属；蓼科蓼属等植物为食。喜爱吸食树液、发酵水果等。多停留在树干或有落叶的地面，飞翔快速。

金斑蛱蝶 *Hypolimnas misippus*

蛱蝶科 Nymphalidae　斑蛱蝶属 *Hypolimnas*

识别特征：翅展 60~70 mm，雄蝶翅面绒黑或绒褐色，前翅有白色亚端斑和长椭圆形白色中斑；后翅有一大的圆形白色中斑。这些斑纹周围均呈紫色彩虹光泽。翅里褐黄色，后翅第 7 室有明显的黑斑。

习性：幼虫以马齿苋科马齿苋属（马齿苋），爵床科十万错属（宽叶十万错）、假杜鹃属（假杜鹃）、百簕花属、山壳骨属、楠草属，车前科车前属（车前、大车前），锦葵科苘麻属、木槿属、秋葵属（黄葵）、棉属，棕榈科油棕属（油棕），以及荨麻科的部分植物为食。成虫喜访花，飞行缓慢。

幻紫斑蛱蝶 *Hypolimnas bolina*

蛱蝶科 Nymphalidae
斑蛱蝶属 *Hypolimnas*

识别特征：雄蝶正面黑紫色，反面褐色。前翅外缘有白色波状线和小点，亚缘小白斑 S 形排列，近顶角有 2 个小白斑，中室外有 1 条外斜的蓝紫色长斑。后翅外缘斑列较大，排列整齐，中域有 1 个近圆形蓝紫色大斑。前翅反面中室端外有 1 列白条斑，中室内前缘有 3 个小白斑；后翅反面中域有 1 条白带，白带前缘外侧有 1 个白斑。

习性：幼虫以旋花科番薯属；马齿笕科马齿苋属；锦葵科黄花棯属；爵床科山壳骨属；荨麻科楼梯草属；苋科莲子草属；桑科榕属等为食。成虫喜访花，飞行缓慢。

大红蛱蝶 *Vanessa indica*

蛱蝶科 Nymphalidae　红蛱蝶属 *Vanessa*

识别特征：翅展 50~60mm，翅黑褐色，外缘波状。前翅外伸成角状，顶角有几个白色小点，亚顶角斜列 4 个白斑，中央有一条宽的红色不规则斜带。后翅暗褐色，外缘红色，内有 1 列黑色斑，内侧还有一列黑色斑列。前翅反面除顶角茶褐色外，前缘中部有蓝色细横线；后翅反面有茶褐色云状斑纹，外缘有 4 枚模糊的眼状斑。

习性：幼虫以荨麻科荨麻属、蝎子草属、苎麻属、水丝麻属，榆科榆属；菊科蓟属、艾纳香属，豆科丁葵草属植物为食。成虫访花，飞行迅速。

小红蛱蝶 *Vanessa cardui*

蛱蝶科 Nymphalidae　红蛱蝶属 *Vanessa*

识别特征：体翅较小，前翅中域 3 个黑斑相连，后翅端半部橘红色扩展至中室，前翅反面无完整的黑色外缘带。

习性：幼虫以荨麻科苎麻属、水丝麻属、水麻属、荨麻属，锦葵科锦葵属，菊科鼠麴草属、丝棉草属、蒿属、蓟属、飞廉属、艾纳香属，紫草科牛舌草属，以及豆科丁癸草属、羽扇豆属等植物为食。成虫访花，夏季的雨后常在路边、沟边吸水。

琉璃蛱蝶 *Kaniska canace*

蛱蝶科 Nymphalidae　琉璃蛱蝶属 *Kaniska*

识别特征：前翅外缘自顶角至 M_1 脉端突出，Cu_2 脉端至后角凸出，两者间刻入，呈波状圆弧状；翅正面黑褐色，亚顶端部有 1 个白斑；两翅外中区贯穿 1 条蓝色宽带，带在前翅呈"Y"形，在后翅有 1 列黑点。后翅外缘 M_3 脉端突出呈齿状。翅反面基半部黑褐色，端半部褐色，后翅中室有 1 个白点。

习性：幼虫以菝葜科菝葜属、肖菝葜属，百合科百合属、油点草属等植物为食。成虫主要喜食树汁，飞行迅速。有受惊扰起飞后，不久又会回到原地的习性。

黄钩蛱蝶 *Polygonia caureum*

蛱蝶科 Nymphalidae
钩蛱蝶属 *Polygonia*

识别特征：前翅中室内有 3 个黑褐斑；后翅中室基部有 1 个黑点；前翅后角和后翅 m_2、cu_1、cu_2 室外端的黑斑上有蓝色鳞片；翅外缘角突尖锐，秋型尤甚。

习性：分布范围较广大，为中国广布种。幼虫以桑科葎草属（葎草）、大麻属（大麻），亚麻科亚麻属（亚麻）、芸香科柑橘属以及蔷薇科梨属植物为食。成虫访花，常在林缘开阔地活动。

美眼蛱蝶 *Junonia almana*

蛱蝶科 Nymphalidae　眼蛱蝶属 *Junonia*

识别特征：翅正面橙红色，反面橙黄色。前后翅外缘各有3条黑褐色波状线，翅面各有1大1小两眼状纹；后翅上方具1个跨两室的大斑，下方1个很小，雌蝶只呈小的线圈。翅反面各眼状纹大小差别不太显著，雌雄后翅下方皆为眼状纹。

习性：幼虫以玄参科母草属、金鱼草属，爵床科板蓝属、水蓑衣属、假杜鹃属，野牡丹科金锦香属，凤仙花科水角属，苋科莲子草属以及车前草科车前属等植物为食。成虫喜访花，常活动于林间空地、林缘开阔地。

翠蓝眼蛱蝶 *Junonia orithya*

蛱蝶科 Nymphalidae　眼蛱蝶属 *Junonia*

识别特征：雄蝶前翅基部藏青色，后翅室蓝色；前翅前端有白色斜带，前、后翅各有2个眼状斑，外缘灰黄色。雌蝶翅基部深褐色，唯眼状斑比雄蝶大而醒目。

习性：幼虫以车前科车前属、旋花科番薯属（番薯），爵床科假杜鹃属（假杜鹃）、鳞花草属（鳞花草、台湾鳞花草）、爵床属（爵床）、水蓑衣属、老鼠簕属、驳骨草属；玄参科金鱼草属（金鱼草）、独脚金属（独脚金）、沟酸浆属，马鞭草科马鞭草属（马鞭草）、过江藤属（过江藤），以及堇菜科堇菜属（香堇菜）等植物为食。成虫喜访花，常在低山地带路旁及荒芜的草地上活动，飞行缓慢，常紧贴地面飞行。

黄裳眼蛱蝶 *Junonia hierta*

蛱蝶科 Nymphalidae　眼蛱蝶属 *Junonia*

识别特征：雄蝶前翅正面橙黄色，周围黑色，顶角有小白斑和亚缘斑列；后翅基区黑色有 1 个紫蓝色圆斑，端半部为一大块橙色斑纹。雌蝶斑纹似雄蝶，但橙色区颜色较淡，后翅基部紫蓝色圆斑小，前翅中室内横纹和后翅 m_1、cu_1室眼状纹明显。

习性：栖息于中、低海拔山区。幼虫以爵床科假杜鹃属（假杜鹃）、水蓑衣属（水蓑衣）、爵床属、十万错属、瘤子草属（瘤子草）植物为食。成虫喜访花，日照强的时段，常在低山地带路旁及荒芜的草地上活动，也常到水边吸水，飞行缓慢。

蛇眼蛱蝶 *Junonia lemonias*

蛱蝶科 Nymphalidae
眼蛱蝶属 *Junonia*

识别特征：翅展 50~60 mm，翅正面褐色，前翅中室及外半部有黄白色斑纹，前翅 cu_1室及后翅 m_1到 cu_1各室有黑色眼纹，围以橘黄色环，两翅亚缘有橘红色新月纹斑列。夏型翅反面黄褐色，后翅眼纹明显；秋型翅反面微带红色或褐色，散生杂色斑驳，后翅眼纹不明显，似枯叶状。

习性：主要栖息于中、低海拔的热带、南亚热带地区。幼虫以爵床科假杜鹃属（假杜鹃）、鳞花草属（鳞花草、台湾鳞花草）、赛山蓝属（赛山蓝）、瘤子草属（瘤子草）、金足草属以及锦葵科黄花稔属（白背黄花稔）等植物为食。成虫喜访花，常在林间空地草本植物集中开花的地段活动，飞行缓慢。

波纹眼蛱蝶 *Junonia atlites*

蛱蝶科 Nymphalidae
眼蛱蝶属 *Junonia*

识别特征：翅展60~65 mm，翅正面淡灰褐色，多褐色波纹状线，前后翅的外缘和亚缘线3条，中横线1条，前翅中室5条，从前室前缘到后翅 cu_2室有1列眼状纹，以两翅的 m_3室斑及 cu_1室斑为最显著，内半部橘红色，外半部黑色，围有白圈和褐圈。雌蝶比雄蝶大，斑纹更明显。秋型眼纹常消失，色苍白，似枯叶。

习性：栖息于中、低海拔山区。幼虫以爵床科假杜鹃属、水蓑衣属（水蓑衣、枪叶水蓑衣），以及苋科莲子草属（空心莲子草、红草）等植物为食。成虫喜访花，常在林间空地草本植物集中开花的地段活动，飞行缓慢。

钩翅眼蛱蝶 *Junonia iphita*

蛱蝶科 Nymphalidae　眼蛱蝶属 *Junonia*

识别特征：翅深褐色，斑纹黑褐色。外缘有3条波状纹，中域自前翅前缘中部至后翅臀角有1条横带，其外侧有1列眼点，前翅的退化，后翅的尚可辨认。前翅 M_1脉尖出成鸟喙状，后翅臀角突出似尾突。反面颜色较深，斑纹清楚。

习性：栖息于平地至低海拔山区，幼虫以爵床科爵床属、马蓝属、鳞花草属（台湾鳞花草）、赛山蓝属（赛山蓝）、金足草属等植物为食。成虫喜欢访花、吸食树汁和腐果。喜欢在阳光充足的开阔地活动。

散纹盛蛱蝶 *Symbrenthia lilaea*

蛱蝶科 Nymphalidae　盛蛱蝶属 *Symbrenthia*

识别特征：前翅顶角有1个小红斑，前外斜带和后外斜带常中断。翅反面，前翅自亚顶端斜向后缘中央有棕褐色带，后翅自前缘中央分叉伸向臀缘1粗1细横带。翅面另有不规则的波状线及较规则的中外波状横纹交织在一起。

习性：栖息于中、低海拔山区。幼虫以荨麻科苎麻属（苎麻、密花苎麻、青叶苎麻）、水麻属（水麻）、紫麻属（长梗紫麻）、蝎子草属（大蝎子草）等植物为食。成虫全年可见，好访白色系花，雄蝶具领域行为，并喜于湿地吸水。

苎麻珍蝶 *Acraea issoria*

珍蝶科 Acraeidae

珍蝶属 *Acraea*

识别特征：翅褐黄色，外缘有褐色的宽带，内嵌有灰白色的斑点。雄蝶前翅中室端有1条横纹，雌蝶在端纹内外各有1条横纹，后缘还有1个孤立的黑斑。反面后翅外缘三角形斑列内侧有1条褐红色的窄带。翅形较长，飞行缓慢，易于辨认。

习性：栖息于中、高海拔山区。幼虫以荨麻科水麻属（长叶水麻、水麻、柳叶水麻）、冷水花属（石筋草）、苎麻属（苎麻、密花苎麻、海岛苎麻、大叶苎麻）、艾麻属（葡萄叶艾麻）、楼梯草属（狭叶楼梯草）、雾水葛属（雅致雾水葛）、荨麻属（台湾荨麻）、糯米团属（糯米团）植物为食。成虫访花，喜欢在林间开阔的灌丛附近活动，飞行缓慢。

棒纹喙蝶 *Libythea myrrha*

喙蝶科 Libytheidae
喙蝶属 *Libythea*

识别特征：翅展40~50 mm，翅面底色黑褐色；下唇须长，伸于头前方，前翅顶角突出成钩状，近顶角呈红褐色，前翅2、3室后中斑与中室条纹相连成淡黄色棒状纹；后翅外缘锯齿状，中区从1脉到6脉有一橙黄色中横带。翅反面灰褐色，前翅斑纹与正面同，后翅斑纹淡或消失。

习性：栖息于低海拔山区。幼虫以榆科朴属朴树、四蕊朴等为食。成虫见于夏季，跳跃式急速飞翔，停息频繁，晴天多见于林区溪流旁沙地上，浮木突出水面的地方，或岸边、路边、植物的枯枝上。

黄带褐蚬蝶 *Abisara fylla*

蚬蝶科 Riodinidae　褐蚬蝶属 *Abisara*

识别特征：翅展50~60 mm。雄蝶前翅黑褐色，由前缘中部至后角有1条浅黄色带，亚外缘细条模糊，顶角有3个小白点三角形排列；后翅棕褐色，亚外缘有6个斑点，排成1列，斑端有小白点。雌蝶翅面斜带淡青色，亚外缘细条明显，其顶部有2个小白点。后翅斑列和雄蝶一样。

习性：栖息于低海拔山区。幼虫以紫金牛科杜茎山属杜茎山、灰叶杜茎山等植物为食。成虫访花，常到溪流边沙地上吸水。

白带褐蚬蝶 *Abisara fylloides*

蚬蝶科 Riodinidae
褐蚬蝶属 *Abisara*

识别特征：翅展 40~45 mm。翅面黑褐色，翅较圆，前翅中域有一条白色斜带，翅缘有白色缘毛；雌蝶斜带较雄蝶细。后翅有黑色亚缘眼状斑，中部有 1 条模糊细条纹。

习性：栖息于中、低海拔的深山大沟和阴湿的山谷中。幼虫以紫金牛科杜茎山属杜茎山等植物为食。成虫在阳光充足时飞翔，飞翔迅速但飞行距离不远，多在叶片上半展开翅膀急促地爬行，休息时翅膀常展开。

长尾褐蚬蝶 *Abisara neophron*

蚬蝶科 Riodinidae
褐蚬蝶属 *Abisara*

识别特征：翅茶褐色，从前翅前缘中部到后角有 1 条明显白色斜横带，后中域有 1 条淡白色细纹，亚外线不明显；后翅后中域有 1 条模糊弯曲横带，在 M_3脉端有尾突，尾突的端部白色，在 m_1和 m_2室各有 1 个围有白线的黑斑，臀角部也有 2 个小黑点。翅反面浅褐色，尾突至臀角的亚缘均有双白线，此线在正面有时也隐约可见，其余如同翅正面。

习性：栖息于低海拔山区。幼虫以紫金牛科酸藤子属白花酸藤果等植物为食。成虫访花，在阳光充足时飞翔，飞行迅速但距离不远，多在叶片上半展开翅膀急促地爬行，休息时翅膀常展开。

暗蚬蝶 *Paralaxita dora*

蚬蝶科 Riodinidae　暗蚬蝶属 *Paralaxita*

识别特征：翅暗色，雄蝶正面不明显，雌蝶（尤其反面）可见有成列白点，点的内侧有三角形黑纹。

习性：栖息于低海拔山区。成虫访花，在阳光充足时飞翔，飞行迅速但距离不远，多在叶片上半展开翅膀急促地爬行，休息时翅膀常展开。也见于河边沙地上吸水。

波蚬蝶 *Zemeros flegyas*

蚬蝶科 Riodinidae　波蚬蝶属 *Zemeros*

识别特征：翅展 30~43 mm，翅面绯红褐色，脉纹色浅；有白点，在每个白点的内方均连有 1 个深褐色斑，此白点在亚缘和中域上呈 1 条整齐的列行，中域列内外还有几个分散的小白点；前翅外缘波曲，后翅外缘在 M_3脉端凸出呈角度。翅反面色淡，斑纹清晰。

习性：栖息于中、低海拔山区。幼虫以紫金牛科杜茎山属灰叶杜茎山、山地杜茎山、金珠柳等植物为食。成虫访花，在阳光充足时飞翔，飞行迅速但距离不远，多在叶片上半展开翅膀急促地爬行，休息时翅膀常展开。

银纹尾蚬蝶 *Dodona eugenes*

蚬蝶科 Riodinidae　尾蚬蝶属 *Dodona*

识别特征：翅面黑褐色，前翅外缘较直，微微波曲，顶端部有几个小白点，端半部橙黄色斑，基半部有2条横斑直达后缘；后翅外缘波曲明显，斑纹直达臀角，臀角凸出呈耳垂状，其外侧有尾。翅反面色稍浅，斑纹明显，后翅顶端部有2个黑斑，其余条纹为橙色和银白色相间汇聚于臀角。雄蝶较大，翅形较圆。

习性：栖息于中、低海拔山区。幼虫以禾本科青篱竹属、北美箭竹属植物为食。成虫多在林间空地及河流附近活动，访花，在夏季天气炎热时与其他蝶类一起在河边潮湿的沙地上吸水。

大斑尾蚬蝶 *Dodona egeon*

蚬蝶科 Riodinidae　尾蚬蝶属 *Dodona*

识别特征：翅展35~42mm，前翅外端有3条红黄色斑列；后翅带红黄色，顶端有2个黑斑，有黑色中条纹和亚缘圆斑，臀区外侧有一黑色细小尾突。翅里深栗红色，斑纹与翅正面类似，但翅外缘端斑呈纯白色，并有一列细亚缘线。雌蝶较雄蝶大，斑纹也较大，但色更淡。

习性：幼虫以紫金牛科杜茎山属、密花树属等植物为食。成虫访花，多在林间空地及河流附近活动，在夏季天气炎热时与其他蝶类一起在河边潮湿的沙地上吸水。

秃尾蚬蝶 *Dodona dipoea*

蚬蝶科 Riodinidae 尾蚬蝶属 *Dodona*

识别特征：翅面黑褐色，前翅外缘较直，微微波曲，顶端部有几个小白点；后翅外缘波曲明显，斑纹长行直达臀角，臀角突出呈耳垂状。翅反面棕红色，白色斑纹明显，后翅顶端部有2个黑斑，其余条纹为橙色和银白色相间汇聚于臀角。本种和银纹尾蚬蝶很相似，但斑纹小而细窄；后翅只有耳垂状突出，无尾突。

习性：栖息于低海拔山区。成虫多在林间空地及河流附近活动，访花，在夏季天气炎热时与其他蝶类一起在河边潮湿的沙地上吸水。

无尾蚬蝶 *Dodona durga*

蚬蝶科 Riodinidae 尾蚬蝶属 *Dodona*

识别特征：翅展30~35 mm，翅面深褐色，斑纹较大、红黄色；后翅前端缘有2黑斑。翅里斑条、斑纹明显，后翅前缘外端眼纹明显，臀区有桔黄色斑纹。

习性：栖息于中、低海拔山区。幼虫以禾本科水蔗属、簕竹属和刺竹属植物为食。成虫多在林间空地及河流附近活动，访花，在夏季天气炎热时与其他蝶类一起在河边潮湿的沙地上吸水，还吸食人体汗液。

黑燕尾蚬蝶 *Dodona deodata*

蚬蝶科 Riodinidae
尾蚬蝶属 *Dodona*

识别特征：翅黑褐色，前翅有1条白色中横带，外端有不同大小的白点；后翅前缘中部到臀区有1条白色楔状带，臀角有一长的耳垂状突及一长尾巴。翅反面黄褐色，前翅从前缘外半部到臀角有1条“Y”形褐色带；后翅臀区与外缘区各3条白线从前缘汇向尾区。雌蝶体型较雄蝶大，色淡，斑纹大而明显。

习性：栖息于低海拔山区。幼虫以紫金牛科杜茎山属（灰叶杜茎山）、密花树属（密花树）植物为食。成虫多在林间空地及河流附近活动，访花，在夏季天气炎热时，会与其他蝶类一起在河边潮湿的沙地上吸水。

白燕尾蚬蝶 *Dodona henrici*

蚬蝶科 Riodinidae　尾蚬蝶属 *Dodona*

识别特征：翅淡黄白色，前翅端部黑色，其上有白斑；后翅有1条窄的黑色端带及亚缘带，臀角耳垂状突外侧有一细长的尾。两翅基部横穿2条暗绿色条纹。翅反面银白色，有红褐色横条纹。后翅有黄色亚臀斑，臀角耳垂状突缘呈黑色。雄蝶体型较雌蝶大，翅更圆，色更淡。

习性：栖息于低海拔山区。幼虫以紫金牛科杜茎山属灰叶杜茎山等植物为食。成虫多在林间空地及河流附近活动，访花，在夏季天气炎热时与其他蝶类一起在河边潮湿的沙地上吸水。

挫灰蝶 *Allotinus drumila*

灰蝶科 Lycaenidae
挫灰蝶属 *Allotinus*

识别特征：雄蝶翅面黑褐色，前后翅外缘脉端伸出呈锯齿状，雌蝶前翅前缘也呈锯齿状，后角向下凸出，中域有 1 条白色斜横带，雌蝶特别明显；后翅前缘白色，其余棕褐色。翅反面前翅中域大部色浅带青色，两翅有些点和条纹。

习性：栖息于低海拔热带林区。成虫见于密林深处的沟谷中，多在林间空地及河流附近活动，在夏季雨后停息在树叶、树枝上。

蚜灰蝶 *Taraka hamada*

灰蝶科 Lycaenidae
蚜灰蝶属 *Taraka*

识别特征：翅正面栗褐色，翅膜透明，反面的斑点在正面隐约可见；前、后翅外缘白色，脉端棕色。翅反面白色，斑纹黑褐色，外缘有 1 条黑色细线，线上有三角形小斑点，亚缘有 1 列圆斑；前翅前缘中段有 4 个分布均匀的圆斑，基部有 1 个斑点；两翅还散布不少圆形或近圆形斑点。雌雄同型，雌蝶颜色稍浅，体型较大。

习性：栖息于中、低海拔热带林区，尤其喜欢竹林。幼虫以同翅目蚜科蚜属棉蚜、蚧壳虫等动物为食。成虫访花，见于林间空地及河流附近活动，在河边沙地上吸水。

尖翅银灰蝶 *Curetis acuta*

灰蝶科 Lycaenidae　银灰蝶属 *Curetis*

识别特征：翅黑褐色，前翅顶角钝尖，后翅臀角稍尖出。雄蝶前翅中室下半部、m_3室、cu_1室以及后翅中室外侧有橙红色斑；雌蝶则为青白色斑。雌蝶、雄蝶翅反面皆为银白色，后翅沿外缘各室有极细小的黑点列。

习性：栖息于中、低海拔林区，尤其喜欢竹林。幼虫以豆科（蝶形花科）葛属（野葛、山葛、葛麻姆）、槐属（狭叶槐、苦参）、崖豆藤属（网络崖豆藤）、紫藤属（紫藤）、鸡血藤属（网络鸡血藤）等植物为食。成虫访花，飞行迅速，见于林间空地及河流附近活动，在河边沙地上吸水，也常吸食动物粪便和腐烂果实汁液。

银灰蝶 *Curetis bulis*

灰蝶科 Lycaenidae
银灰蝶属 *Curetis*

识别特征：前翅三角形，顶角尖，但不凸出，色斑比尖翅银灰蝶宽；后翅臀角及M_3脉端略呈角度，色斑“C”形，中室内黑色部分呈棒状。

习性：幼虫之寄主植物为豆科的葛藤、台湾葛藤、大葛藤、山葛、老荆藤、鸡血藤、紫藤和水黄皮等植物。在开阔明亮的树林边活动，飞行速度快，喜好在湿地吸水或吸食树液。

银链娆灰蝶 *Arhopala pseudocentaurus*

灰蝶科 Lycaenidae　娆灰蝶属 *Arhopala*

识别特征：翅中室短于翅长的 1/2。雄蝶翅面紫罗兰色具狭窄的黑带，雌蝶具有较宽的黑带边。翅反面中室具有银白色链状条斑，中横带斑连续，不错位。

习性：栖息于低海拔热带林区，成虫访花，飞行缓慢，见于林间空地及河流附近活动，在河边沙地上吸水。

铁木莱异灰蝶 *Iraota timoleon*

灰蝶科 Lycaenidae

异灰蝶属 *Iraota*

识别特征：雄蝶翅面金蓝色，有深褐色宽边，后翅 cu_2 室 2A 脉端均有尾状凸起，臀角凸出呈耳垂状。翅反面栗褐色，斑纹特殊，中室前半部分有 1 条银白色纵条，中室端外有 1 个白斑，亚顶端有白斑；后翅基部有银白色斑，湿季型色斑清晰，旱季型模糊。

习性：栖息于低海拔热带林区。幼虫以桑科榕属（高山榕、印度榕树、菩提树、聚果榕等）和石榴科石榴属（石榴）等植物为食。成虫访花，飞行缓慢，见于林间空地及河流附近活动，在河边沙地上吸水。

鹿灰蝶 *Loxura atymnus*

灰蝶科 Lycaenidae　鹿灰蝶属 *Loxura*

识别特征：翅面橘红色，前翅顶端和外缘黑色；后翅 Cu_2脉端有 1 条长尾。翅反面褐黄色，前、后翅各有 1 条褐色中带。雌蝶比雄蝶颜色更暗，黑色更浓。雌蝶随季节不同，翅反面斑纹有变化。

习性：栖息于低海拔热带林区。幼虫以菝葜科菝葜属、薯蓣科薯蓣属、茄科茄属阳芋等植物为食。成虫访花，飞行缓慢，见于林间空地及河流附近活动，在河边沙地上吸水。

三点桠灰蝶 *Yasoda tripunctata*

灰蝶科 Lycaenidae　桠灰蝶属 *Yasoda*

识别特征：前翅顶角尖突，翅正面橙红色。顶端部和外缘黑色，外缘中部稍向外凸出。后翅外缘黑色带较窄，内缘及臀域灰黑色，Cu_2脉两侧翅面向外凸出，并渐窄形成尾突，在臀域内侧和缘室有 1 条“L”形黑斑。翅反面灰黄色，布有模糊的黑色圈斑，臀角内有 1 个橙色圆斑及 1 个白色“W”形纹。尾突黑色，端部白色。

习性：栖息于低海拔热带林区。成虫访花，飞行缓慢，见于林间空地及河流附近活动，在河边沙地上吸水。

三滴灰蝶 *Ticherra acte*

灰蝶科 Lycaenidae
三滴灰蝶属 *Ticherra*

识别特征：翅正面雄蝶深紫蓝色，雌蝶黑褐色，有金属光泽。前、后翅基半部较浅，翅缘有细的黑边。后翅臀角有方形凸出，有3个白色斑点；有3条尾突，中间一条最长，Cu_1脉端的最短，尾状突中央有黑线，两侧边和端部白色。翅反面黄褐色，有褐色的中外线及亚缘细线；臀区有黑斑，其上3个白色斑点的内侧1个延伸到后缘。

习性：栖息于低海拔热带林区。成虫见于林间空地及溪流附近，飞行缓慢，常与其他蝶类一起在河边沙地上吸水。

豆粒银线灰蝶 *Spindasis syama*

灰蝶科 Lycaenidae　银线灰蝶属 *Spindasis*

识别特征：雄蝶翅面黑褐色，前后翅基半部在光线下闪浓紫色光泽；后翅臀角具橙红色斑，端部有黑色圆斑，尾突黑褐色，端部白色。翅反面淡黄色，斑纹暗褐色，呈分节的棒状，斑纹中夹有银色细线；前翅基部发出1条纵棒与前缘平行；从前缘发出6条棒纹，第2、第5条连成"V"形。尾突2对，黑色，基部有大片橙红色斑，斑端有2个黑点。雌蝶翅正面暗褐色，反面同雄蝶。

习性：幼虫以榆科山黄麻属、朴属，菊科鬼针草属，大戟科算盘子属，蔷薇科枇杷属，桃金娘科番石榴属，薯蓣科薯蓣属等为食。成虫访花，飞行缓慢。

银线灰蝶 *Spindasis lohita*

灰蝶科 Lycaenidae　银线灰蝶属 *Spindasis*

识别特征：翅展35~40mm。雄蝶翅面紫蓝色，多金属光泽；雌蝶多褐色，无金属光泽。两性后翅臀角有桔色斑纹，其端部有一长一短小尾突，尖端白色。翅反面底色淡黄，具明显红褐色带纹，中央有银丝细条纹。

习性：幼虫以薯蓣科薯蓣属，菝葜科，大戟科，鼠李科鼠李属，蓼科酸模属，漆树科盐肤木属，菊科鬼针草属，野牡丹科野牡丹属，桃金娘科番石榴属，无患子科荔枝属，旋花科银背藤属、牵牛属以及茜草科咖啡属等为食。成虫喜访花，飞行缓慢。

珀灰蝶 *Pratapa deva*

灰蝶科 Lycaenidae　珀灰蝶属 *Pratapa*

识别特征：雄蝶翅正面蓝黑色，前、后翅后半部蓝色，后翅前缘近基部有1个黑色性标，臀域灰褐色，有2对纤细的尾突。翅反面灰白色，前翅亚缘有1条模糊的细横线，后缘有黑色毛丛；后翅亚缘细线较明显，臀角和cu_2室各有1个黑点，其内侧有橙黄色斑，2对尾突纤细。雌蝶的色彩斑纹基本与雄蝶相似。

习性：栖息于低海拔林区。幼虫以桑寄生科桑寄生属（毛桑寄生、长花桑寄生、桑寄生）、钝果寄生属（广寄生、杜鹃桑寄生）等为食。成虫访花，飞行缓慢，见于林间空地及河流附近活动，在河边沙地上吸水。

白衬安灰蝶 *Ancema blanka*

灰蝶科 Lycaenidae　安灰蝶属 *Ancema*

识别特征：雄蝶翅正面青蓝色，具光泽，中室端下侧大斑及翅脉黑色。翅反面灰白色，前翅 A 脉上有明显的黑斑，亚外缘横细线模糊，后翅亚外缘线较细。

习性：栖息于低海拔热带林区。幼虫以桑寄生科槲寄生属槲寄生等为食。成虫访花，飞行缓慢，见于林间空地及河流附近活动，在河边沙地上吸水。

莱灰蝶 *Remelana jangala*

灰蝶科 Lycaenidae　莱灰蝶属 *Remelana*

识别特征：雄蝶翅面黑褐色，前翅中室及其下方有紫蓝色斑，后翅中室及端外有 1 块同样色斑；后翅外缘 Cu_1脉端呈角度，臀角有黑斑，有 2 个尾突。翅反面，前翅红褐色，后缘灰白色，亚外缘有 1 条模糊横细线；后翅色浓，臀角和 cu_2室各有 1 个黑斑，斑内侧有金绿色细条和白色斑。尾突端部色浅。雌蝶体型较大，翅圆，色浓，其他同雄蝶。

习性：幼虫以山茶科柃木属，苏木科决明属、杜鹃花科杜鹃属等植物为食。成虫访花，飞行缓慢。

旖灰蝶 *Hypolycaena erylus*

灰蝶科 Lycaenidae
旖灰蝶属 *Hypolycaena*

识别特征：雄蝶翅正面紫蓝色，前翅前缘与顶角黑色，中室端外有1个大的黑色圆斑；后翅前缘与后缘淡黑色，臀角有黑色圆点及蓝白色线。雌蝶翅红褐色，前翅无斑纹，后翅斑纹同雄蝶，臀角前有几个小白斑。翅反面青灰色，亚缘线模糊，前翅外线直；后翅外线为断线，近臀角区“W”形；有2个尾及2个黑圆斑，cu_1室的圆斑围有橙色弧斑。

习性：栖息于低海拔热带林区。幼虫以酢浆草科阳桃属阳桃、锦葵科木槿属黄槿、云实科无忧花属无忧花等为食。成虫访花，飞行缓慢，见于林间空地及河流附近活动，在河边沙地上吸水。

珍灰蝶 *Zeltus amasa*

灰蝶科 Lycaenidae　珍灰蝶属 *Zeltus*

识别特征：雄蝶前翅正面基部和后翅正面（除顶角外）均为淡蓝紫色，其余部分为紫黑色。雌蝶翅正面黑褐色，后翅臀区白色，有黑色圆斑。有2个长尾状突，外侧一个较短，白色，有丝绸光泽。前、后翅反面基部呈白色丝绸光泽，外端缘成赭色。前翅中室端带和两翅后中线及亚缘线微弱，后翅前缘基部有1个小黑斑，尾突基部有黑色圆斑。

习性：幼虫以菝葜科菝葜属植物为食。成虫访花，飞行缓慢。

摩来彩灰蝶 *Heliophorus moorei*

灰蝶科 Lycaenidae
彩灰蝶属 *Heliophorus*

识别特征：雄蝶翅正面金蓝色，前翅外端及前缘黑色；后翅前缘及外缘黑色，臀角域有新月形橘红色冠黑色的条纹。雌蝶翅面黑褐色，前翅中室端有1个橘红色大斑；后翅有1条齿状橘红色亚缘带。翅反面深金黄色，前翅臀角有1个圆形黑斑，其周围白色；后翅外缘有橘红色亚缘带，其内侧为黑边的白线。

习性：栖息于低海拔热带林区。成虫访花，飞行缓慢，见于林间空地及河流附近活动，在河边沙地上吸水。停歇时展开翅膀，一量受到惊扰，立即收拢，准备飞离。

浓紫彩灰蝶 *Heliophorus ila*

灰蝶科 Lycaenidae
彩灰蝶属 *Heliophorus*

识别特征：雄蝶翅正面黑褐色，在中室下半部、cu_2室基部和2a室基半部，以及后翅的同样区域有深紫蓝色光泽；后翅外缘橙红色新月斑仅在2a和cu_2室。雌蝶翅面黑色，在中室端外，cu_1室基部有窄的不规则橙红色斑，后翅外缘有新月形橙色斑止于m_2室或m_1室。翅反面橙黄色，前翅缘有窄的赤红带止2A脉，外缘有黑边，后角有1个长形黑斑，具白边；后翅外缘赤红色带冠以三角形黑斑，内侧有黑白两色边。后中横线为间断白色，基半部散布有黑点。

习性：幼虫以蓼科蓼属、酸模属等植物为食。成虫访花，飞行缓慢，见于林间空地及河流附近活动，常在河边沙地上吸水。

拓灰蝶 *Caleta caleta*

灰蝶科 Lycaenidae
拓灰蝶属 *Caleta*

识别特征：翅正面黑色，从前翅中室端直到后翅后缘近基部有1条白色宽带。翅反面白色，前翅前缘黑带向基部弯曲，外横带黑色间断，外缘黑带中有白点列，亚外缘具黑点。后翅散布较大黑斑，外缘具折状黑斑，其内具白点列。

习性：栖息于低海拔热带林区。成虫访花，飞行缓慢，见于林间空地及河流附近活动，与其他灰蝶类聚集在河边沙地上吸水。

曲纹拓灰蝶 *Caleta roxus*

灰蝶科 Lycaenidae　拓灰蝶属 *Caleta*

识别特征：翅正面黑色，从前翅中室端直到后翅后缘近基部有 1 条白色宽带，带略呈青色，尾突细。翅反面青白色，外缘黑带中有白点列，从前翅前缘中部斜向前、后翅基部有 1 条较直的黑带，在同一处从外横带向外斜，到中途内折到达后缘。后翅外横带间断。

习性：栖息于低海拔热带林区。幼虫以鼠李科枣属野枣等植物为食。成虫在河边沙地上，常与其他灰蝶聚集在一起吸水。

散纹拓灰蝶 *Caleta elna*

灰蝶科 Lycaenidae　拓灰蝶属 *Caleta*

识别特征：本种与似曲纹拓灰蝶非常相似，但前翅反面基部黑带前端弯曲，不与外横黑带在前缘相接触，外横黑带中部间断。

习性：栖息于低海拔热带林区。幼虫以鼠李科枣属植物为食。成虫访花，也常在河边沙地上，与其他灰蝶类聚集在一起吸水。

细灰蝶 *Leptotes plinius*

灰蝶科 Lycaenidae　细灰蝶属 *Leptotes*

识别特征：雄蝶翅面紫蓝色，有狭窄的灰黑色外缘，前翅前缘和外缘有暗褐色宽边，中域灰白色有黑斑，翅基部有紫蓝色光泽；后翅外缘有 2 条暗黑色带，两带间有 1 排暗褐色圆点。翅反面灰白色，外缘有 2 条灰黑色细线，两线间有 1 排灰黑色圆斑，其中臀角处的 2 个斑外层黄色，内层围以蓝色光泽，其余不规则的黑褐色斑排列大致波状。

习性：幼虫以白花丹科白花丹属，豆科合欢属、大豆属等植物为食。成虫访花，也常与其他灰蝶类聚集在河边沙地吸水。

尖角灰蝶 *Anthene emolus*

灰蝶科 Lycaenidae　尖角灰蝶属 *Anthene*

识别特征：触角棒部较长且渐变尖。雄蝶翅面浓紫色。雌蝶翅面暗褐色，基半部有蓝紫色光泽，后翅 2A、cu_2和 cu_1室端有模糊的黑缘斑。翅反面淡棕褐色，具有链条状的横带，带均有白边。本种前翅中室基部无亚基带，后翅 cu_2室有明显的黑色圆点，围橙红色缘斑，后部缘毛很长。

习性：栖息于低海拔热带林区。成虫访花，也常在山箐小水坑、河边沙地上，与其他灰蝶类聚集在一起吸水。

古楼娜灰蝶 *Nacaduba kurava*

灰蝶科 Lycaenidae　娜灰蝶属 *Nacaduba*

识别特征：雄蝶翅紫蓝色，能透视反面条纹，外缘黑色细边，缘毛黑褐色末端污白色，尾突黑色，末端白色；雌蝶前翅中室下半部至后缘天蓝色，中室端外白色，其余淡黑褐色，天蓝色部分宽窄个体间差异甚大。后翅基部附近天蓝色，外缘各室有暗斑列，周围白色，出现程度个体间差异大，cu_2室黑色圆斑显著，反面灰褐色，白色条纹较粗。

习性：幼虫以紫金牛科紫金牛属、杜茎山属、铁仔属、酸藤子属，梧桐科蛇婆子属以及报春花科珍珠菜属等植物为食。

娜拉波灰蝶 *Prosotas nora*

灰蝶科 Lycaenidae 波灰蝶属 *Prosotas*

识别特征：翅褐色，雄蝶微呈紫色，无纹，两翅基部及后角附近散布暗色鳞，尾突细、黑，末端白色。雌蝶前翅中室下半部分及下侧有部分个体出现蓝色斑，后翅外缘黑色，cu_2室黑斑显著。反面灰褐色，各横线斑褐色，两侧围淡灰白线，雄蝶前翅亚缘斑列及后翅缘斑明显，后角黑斑底边镶银蓝色边及钟形橙色边。

习性：栖息于中、低海拔山区。幼虫以豆科金合欢属、榼藤属榼藤植物为食。成虫常见于水边潮湿沙地集群吸水。

素雅灰蝶 *Jamides alecto*

灰蝶科 Lycaenidae 雅灰蝶属 *Jamides*

识别特征：翅正面水青色，能透视反面斑纹。雄蝶前翅外缘黑褐色，后翅前缘、内缘灰白色，亚外缘各室点列为灰黑色斑，cu_2室有圆斑，外缘线黑褐色，尾突细长，末端白色。雌蝶前翅前缘由基部渐宽的黑褐色带连接外缘，前翅中线自中室前缘到翅后缘、外线与亚外缘线形成3分叉，各线两侧有波状白线。后翅比雄蝶暗，亚外缘斑发达，反面灰褐色，后角橙色大斑核心黑色，内有青银色小点，另一小斑靠内缘。

习性：幼虫以姜科姜花属、月桃属植物等植物为食。

咖灰蝶 *Catochrysops strabo*

灰蝶科 Lycaenidae
咖灰蝶属 *Catochrysops*

识别特征：雄蝶翅正面淡褐色，闪紫色光泽；后翅在 2a 和 cu_2 室各有 1 个黑点，冠以橙红色。雌蝶前翅前缘、外缘有褐色宽边，其余大部分为灰白色；后翅基部有紫蓝色光泽，外缘各室端有黑色及亚缘新月纹。翅反面咖啡乳色，有浅褐色的点纹；后翅前缘室内有 2 个黑点，中域有不整齐的条斑。前后翅都有与正面相同的缘点和亚缘新月纹。尾突黑色，端部白色。

习性：幼虫以豆科假木豆属、猪屎豆属、山蚂蝗属、野扁豆属、镰扁豆属、豌豆属等植物为食。

亮灰蝶 *Lampides boeticus*

灰蝶科 Lycaenidae　亮灰蝶属 *Lampides*

识别特征：雄蝶翅正面紫褐色，前翅外缘褐色；后翅前缘与顶角暗灰色，臀角处有 2 个黑斑。雌蝶前翅基后半部与后翅基部青蓝色，其余暗灰色；后翅臀角处 2 个清晰黑斑，外缘各室淡褐色斑隐约可见。翅反面灰白色，由许多白色细线与褐色带组成波纹状，在中室内有 2 个波纹，后翅亚外缘 1 条宽白带醒目；臀角处有 2 个浓黑色斑，黑斑内下方具绿黄色鳞片，上方橙黄色。

习性：幼虫以豆科猪屎豆属、刀豆属、野扁豆属、豌豆属、野豌豆属、决明属植物为食。

吉灰蝶 *Zizeeria karsandra*

灰蝶科 Lycaenidae　吉灰蝶属 *Zizeeria*

识别特征：前翅反面中室内有 1 个黑斑，中室上方亚缘室内无斑；后翅反面在 rs、m_1与 m_2，3 室内的斑在一直线上。

习性：幼虫以蒺藜科蒺藜属（大花蒺藜）、紫金牛科铁仔属（铁仔）、酢浆草科酢浆草属（酢浆草）、苋科苋属（苋、皱果苋、刺苋）、蓼科蓼属（习见蓼）植物为食。成虫访花，也常见于水边潮湿沙地集群吸水。

酢浆灰蝶 *Pseudozizeeria maha*

灰蝶科 Lycaenidae　酢浆灰蝶属 *Pseudozizeeria*

识别特征：眼上有毛，雄蝶翅面淡青色，外缘黑色区域宽；雌蝶暗褐色，在翅基有青色鳞片。翅反面灰褐色。

习性：分布较广泛，主要栖息于中、低海拔山区。幼虫以酢浆草科酢浆草属（黄花酢浆草、酢浆草）植物为食。成虫访花，也常见于水边潮湿沙地集群吸水。

毛眼灰蝶 *Zizina otis*

灰蝶科 Lycaenidae 毛眼灰蝶属 *Zizina*

识别特征：眼上有微毛；翅反面前翅中室无斑，前翅中室上方亚缘室内无黑点；后翅反面，外横带的 m_1 室的斑向内移，与 m_2 和 rs 室的黑斑不在一条线上。

习性：幼虫以爵床科水蓑衣属（大安水蓑衣）、赛山蓝属（赛山蓝），马鞭草科马缨丹属（马缨丹），豆科鸡眼草属（鸡眼草）、丁癸草属（丁葵草）、田菁属（刺田菁）、链荚豆属（链荚豆）植物为食。成虫常见于水边潮湿沙地集群吸水。

蓝丸灰蝶 *Pithecops fulgens*

灰蝶科 Lycaenidae

丸灰蝶属 *Pithecops*

识别特征：前翅外缘较平直，雌蝶翅前缘和外缘黑褐色，其余部分蓝紫色闪光；雌蝶翅黑褐色，无紫色闪光。翅反面外缘有 1 列小黑点，亚外缘有 1 条淡黄色线。前翅前缘有 2 个小黑点；后翅前缘近顶角有 1 个黑色大圆斑；后缘近臀角有 1 个小黑斑。

习性：幼虫以豆科山蚂蝗属疏果山蚂蝗植物为食。成虫喜欢访花，常见于公路沿线开花的草本植物上吸食花蜜，天气炎热时会到水边潮湿沙地吸水。

钮灰蝶 *Acytolepis puspa*

灰蝶科 Lycaenidae　钮灰蝶属 *Acytolepis*

识别特征：雄蝶翅正面紫褐色，前翅外缘褐色；后翅前缘与顶角暗灰色，臀角处有 2 个黑斑。雌蝶前翅基后半部与后翅基部青蓝色，其余暗灰色；后翅臀角处 2 个清晰黑斑，外缘各室淡褐色斑隐约可见。翅反面灰白色，由许多白色细线与褐色带组成波纹状，在中室内有 2 个波纹，后翅亚外缘 1 条宽白带醒目；臀角处有 2 个浓黑色斑，黑斑内下方具绿黄色鳞片，上方橙黄色。

习性：幼虫以豆科猪屎豆属、刀豆属、野扁豆属、豌豆属、野豌豆属、决明属植物为食。

珍贵妩灰蝶 *Udara dilecta*

灰蝶科 Lycaenidae　妩灰蝶属 *Udara*

识别特征：翅展 30~40 mm，雄翅前翅大部分青紫色，外缘黑带很窄，中央白色部分很小，后翅近顶角一小块白色，大部分青紫色，边缘黑色。雌蝶亮紫色，翅反面亚缘斑点清晰，有新月淡色纹，后翅前缘及基部几个斑点特别明显。

习性：幼虫以壳斗科青冈属青冈、台湾窄叶青冈以及锥属米槠为食。成虫访花，常聚集在水边吸水，偶尔吸食鸟类粪便。

琉璃灰蝶 *Celastrina argiola*

灰蝶科 Lycaenidae　琉璃灰蝶属 *Celastrina*

识别特征：翅粉蓝色微紫，外缘黑带前翅较宽，雌蝶比雄蝶宽 2 倍，中室端脉有黑纹，缘毛白色。翅反面斑纹灰褐色，前翅亚外缘点列排成直线，后翅外线点列也近直线状，前、后翅外缘小圆斑大小均匀。

习性：幼虫以豆科槐属、胡枝子属、山蚂蝗属、野豌豆属、葛属、紫藤属，山茱萸科山茱萸、五加科楤木属，芸香科楝叶吴茱萸科属，蔷薇科苹果属、李属，蓼科蓼属，壳斗科栎属以及省沽油科省沽油属植物为食。

大紫琉璃灰蝶 *Celastrina oreas*

灰蝶科 Lycaenidae　大紫琉璃灰蝶属 *Celastrina*

识别特征：雄蝶翅正面外缘和前缘黑色，其余蓝紫色，缘毛白色。雌蝶个体较大，翅正面紫色，色彩较深。翅反面灰白色。前翅外缘有 1 列小黑点，亚外缘线波状，外横列有 5 个小黑点，其中后 4 个排成 1 列，中室端有短线纹。后翅外缘有 1 列不规则的黑点，亚外缘线波状，中域自 1a 室到 rs 室有 1 列不规则的黑点，近翅基部也有 3 个小黑点，中室端有 1 条短线纹。

习性：幼虫以山茶科柃木属和蔷薇科扁核木属植物为食。成虫常集大群在河边吸水。

曲纹紫灰蝶 *Chilades pandava*

灰蝶科 Lycaenidae　紫灰蝶属 *Chilades*

识别特征：翅面紫蓝色，前翅外缘黑色，后翅外缘有细的黑白边，其内为黑色窄带。翅反面灰褐色，缘毛褐色，两翅均具黑边，两翅亚外缘有2条具白边的灰色带，后中横斑列也具白边，中室端纹棒状。后翅有2条带内侧有新月纹白边，cu_2室端黑色冠以大的橙黄斑，后中横斑列中前端1个黑斑和m_3室至cu_2室3斑连成一曲纹，翅基有3个黑斑，都有白圈。尾突细长，端部白色。

习性：栖息于低海拔山区。幼虫以苏铁科苏铁属苏铁为食。成虫访花，也常见于水边潮湿沙地集群吸水。

蒲灰蝶 *Chliaria othona*

灰蝶科 Lycaenidae
蒲灰蝶属 *Chilades*

识别特征：小型灰碟，翅正面黑色，前翅在中室下半部、cu_2室基部和2a室基半部有深紫蓝色光泽；后翅除前缘外几全部有深紫蓝色光泽。翅反面灰白色。前翅前缘近基部有1个黑色斑点，中室具1细纹，外中域有1粗细相结合的外中横带，但互不接触；外缘灰褐色，亚外缘具波状线。后翅反面近基部具较大黑斑，中域斑纹似前翅，臀角具黑色眼斑，且围有半圆形橙色斑，外缘具黑褐色斑列，亚外缘有1条黑色波状线。雌蝶正面为橘黄色斑，反面同雄蝶，但斑纹更宽。

习性：栖息于低海拔林区。成虫访花，也常见于水边潮湿沙地集群吸水。

佩灰蝶 *Petrelaea dana*

灰蝶科 Lycaenidae
佩灰蝶属 *Petrelaea*

识别特征：翅正面深蓝紫色，无斑纹，外缘黑褐色。翅反面褐色，各横线斑淡褐色，前翅近基部、中域及亚外缘各分布有1条长短不一的波状横线斑，外缘褐色边。后翅基部至中域横线斑中段，后翅顶端及近臀角有2个黑色圆斑，外缘灰褐色。

习性：栖息于低海拔林区。成虫访花，也常见于水边潮湿沙地集群吸水。

疑波灰蝶 *Prosotas dubiosa*

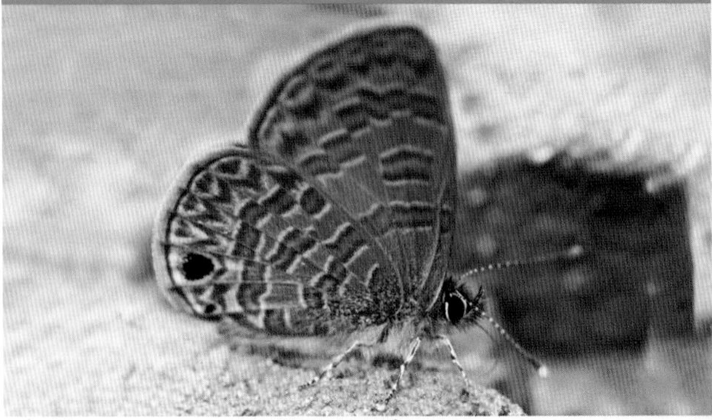

灰蝶科 Lycaenidae　波灰蝶属 *Prosotas*

识别特征：翅正面深蓝紫色，无斑纹。反面棕褐色。前、后翅反面组成2条长横带和4个横斑，其中前翅中域1个横斑，后翅基部、前缘、中域各1个横斑，横带和横斑深褐色，外围有棕黄色边；外缘2列深褐色斑点，后翅近臀角处有2个黑斑，臀角处1个较小，均有橙色半圆边。

习性：栖息于低海拔林区。成虫访花，也常见于水边潮湿沙地集群吸水，偶尔也吸食鸟粪。

布波灰蝶 *Prosotas bhutea*

灰蝶科 Lycaenidae　布波灰蝶属 *Prosotas*

识别特征：翅正面深蓝紫色，反面灰褐色，且颜色从基部向外缘渐浅。翅反面横斑棕色，外围有白色边，外缘有深褐色线；尾突深褐色，尖端白色；近臀角有 1 个黑色大圆斑。

习性：栖息于低海拔林区。成虫常在林缘活动，访花，也常见于水边潮湿沙地上吸水。

陶灰蝶 *Zinaspa todara*

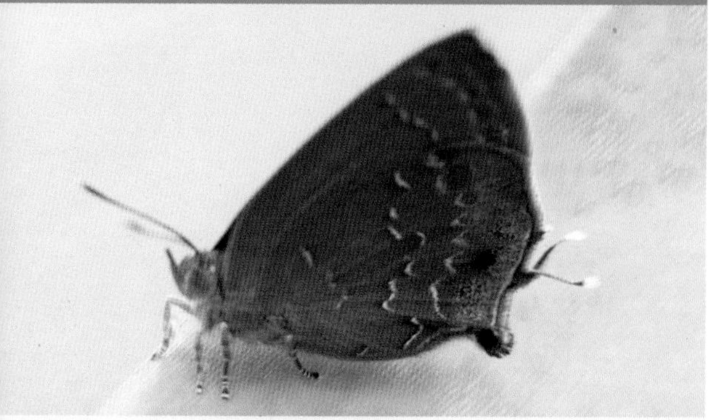

灰蝶科 Lycaenidae　陶灰蝶属 *Zinaspa*

识别特征：翅正面黑色，前、后翅中域至基部紫色；反面深棕褐色。前翅反面亚外缘具 2 条弯曲黄白色小点列。后翅反面近基部有 3 个黄白色横斑，中域及亚外缘具 2 条波状黄白色横斑列，亚外缘横斑齿状；外缘被灰白色鳞片，臀角及亚外缘近臀角处分别有 1 个黑色斑点；尾突深褐色，尖端白色。

习性：栖息于低海拔林区。成虫访花，也常见于水边潮湿沙地吸水。

雅灰蝶 *Jamides bothus*

灰蝶科 Lycaenidae
雅灰蝶属 *Jamides*

识别特征：翅展25~30 mm。雄蝶翅面黑褐色，有深蓝色金属光泽，后翅黑色缘窄。雌蝶黑褐色，两翅中域呈淡蓝色，无金属光泽，后翅外端有规则的黑色斑列。翅里深褐色，有许多淡色横节纹。

习性：幼虫以豆科紫矿属（紫矿）、葛属（野葛、葛藤、台湾葛藤）、水黄皮属（水黄皮）、猪屎豆属（猪屎豆、菽麻）、豇豆属（滨豇豆、短豇豆）、灰毛豆属（白灰毛豆）、刀豆属（狭刀豆、刀豆）、崖豆藤属（厚果崖豆藤）等植物为食。成虫访花，也常见于水边潮湿沙地集群吸水。

橙翅伞弄蝶 *Bibasis jaina*

弄蝶科 Hesperiidae　伞弄蝶属 *Bibasis*

识别特征：雄蝶前翅正面基部被橙色毛，中室下侧有黑毛形成的圆形性标，后翅缘毛赤色。前翅反面后半部黄白色，中室末端2个楔纹，外围有放射状细纹；后翅黑褐色，脉及脉间具橙色条纹。

习性：幼虫以木犀科女贞属（风车藤）、金虎尾科风筝果属（猿尾藤）、云实科决明属（腊肠树）等植物为食，而且喜欢以老叶为食。成虫喜访花与吸水，常出现于林缘、溪谷、林道等区域，多在早晨、黄昏、阴天时活动。

白伞弄蝶 *Bibasis gomata*

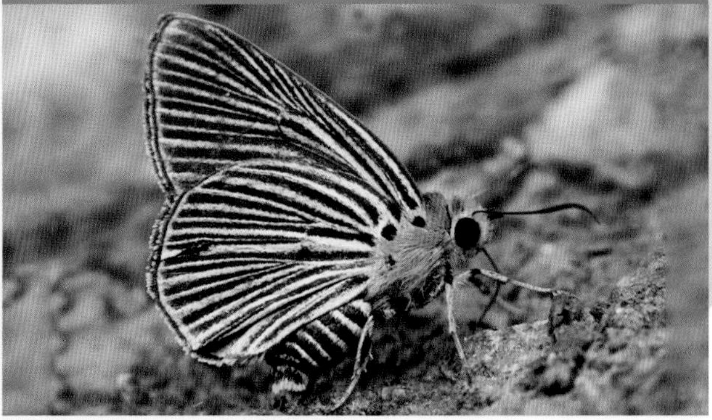

弄蝶科 Hesperriidae　伞弄蝶属 *Bibasis*

识别特征：翅正面灰白色，外缘暗褐色，脉纹深褐色。翅反面淡绿色，脉纹间条纹暗褐色。

习性：幼虫以五加科鹅掌柴属（鹅掌柴、辐叶鹅掌柴、星毛鸭脚木、鹅掌藤）、常春藤属（常春藤）、五加属（白簕）等植物为食。成虫喜访花与吸水，飞行快速，通常只在清晨光线微弱时出现，其余时间都停留在林间叶底。

无趾弄蝶 *Hasora anura*

弄蝶科 Hesperriidae　趾弄蝶属 *Hasora*

识别特征：翅面褐色，反面有绿色光泽。雄蝶通常有1~2个亚端小白点，雌蝶前翅正、反面除亚端有3个小黄点外；中室端及cu_1和m_3室各有方形黄斑，后翅中室端有1个黄白色斑，cu_2室外缘有小的黄白色条纹，臀角不明显凸出，无黑色臀角斑。

习性：幼虫以豆科鸡血藤属鸡血藤、红豆属（光叶红豆、台湾红豆）等植物为食。成虫喜访花与吸水，飞行快速，通常只在清晨光线微弱时出现。

无斑趾弄蝶 *Hasora danda*

弄蝶科 Hesperiidae　趾弄蝶属 *Hasora*

识别特征：本种与无趾弄蝶近似，但后翅有明显的臀角斑。翅正面深棕褐色，有紫色光泽，无斑纹。雄蝶前翅有1个长逗号状性标，前翅外缘 R_5和 M_1脉端有小缺刻。

习性：栖息于中、低海拔山区。成虫喜访花与吸水，通常只在清晨或傍晚光线微弱时出现，飞行快速。

双斑趾弄蝶 *Hasora chromus*

弄蝶科 Hesperiidae　趾弄蝶属 *Hasora*

识别特征：雄蝶翅正面深褐色，前翅从2A脉到 M_3脉有1块黑色性斑；后翅无纹，基半部被密毛，色淡，端半部色深。翅反面淡褐色，前翅后中区淡黄色，中区色暗；后翅后缘淡黄色，臀角呈黑色瓣，从前缘至臀角有1条亮灰色带。

习性：栖息于低海拔热带森林。幼虫以豆科水黄皮属（水黄皮）、鱼藤属植物为食。成虫常在林缘活动，访花，偶尔吸食鸟粪。

三斑趾弄蝶 *Hasora badra*

弄蝶科 Hesperriidae 趾弄蝶属 *Hasora*

识别特征：翅黑褐色，雄蝶翅正面无斑纹，雌蝶前翅亚顶角有白点；中室端、m_3室、cu_1室各有1个黄色透明斑，后翅正面无斑，反面中室有1个小白点，在臀角上方有1条淡紫色“V”状纹。

习性：幼虫以豆科鸡血藤属（厚果鸡血藤）、鱼藤属（疏花鱼藤）、水黄皮属等植物为食。成虫喜访花与吸水，飞行快速，通常只在清晨光线微弱时出现，其余时间都停留在林间叶底。

金带趾弄蝶 *Hasora schoenherr*

弄蝶科 Hesperriidae 趾弄蝶属 *Hasora*

识别特征：前翅正面前缘基半部有黄色条纹，中室端、m_3室基部和cu_1室中部有相连的黄色透明斑，亚顶端有4个白色小斑。后翅从前缘到后缘，有1条宽而不规则的金黄色中横带，缘毛多半为黄色。雄蝶前翅中区有条状性标。翅反面类似正面，但色更淡，尤其在翅基部更明显。

习性：栖息于低海拔热带森林。成虫常在林缘活动，访花，也偶尔吸食河中卵石上的鸟粪，飞行速度快。

双带弄蝶 *Lobocla bifasciata*

弄蝶科 Hesperriidae　带弄蝶属 *Lobocla*

识别特征：翅正面黑褐色，前翅中区有1条透明斜行白带，由5个白斑组成，斑间由翅脉分开，亚端有3个小白斑；后翅无斑纹。

习性：幼虫以豆科木蓝属的脉叶木蓝、多花木蓝等植物主食。成虫白天活动，喜欢访花，多在草本植物集中开花的林间空地活动。

斜带星弄蝶 *Celaenorrhinus aurivittatus*

弄蝶科 Hesperriidae

星弄蝶属 *Celaenorrhinus*

识别特征：翅正面黑褐色，亚顶端有3个小白斑，自前缘中部至后角有1条斜带，斜带在中室上方和2a室的斑为淡黄色，其余为白色。后足胫节有褐色缘毛。

习性：栖息于低海拔热带地区。幼虫以木犀科茉莉属、素馨属和马鞭草科大青属（臭茉莉）等植物为食。成虫白天活动，喜欢访花，多在草本植物集中开花的林间空地活动，飞行迅速。

黄窗弄蝶 *Coladenia laxmi*

弄蝶科 Hesperriidae
窗弄蝶属 *Coladenia*

识别特征：翅正面棕褐色，斑纹黄白色；前翅中区横带显著，相互接触，但不愈合。中室斑上方只有 1 个白斑，r_5室斑外移，cu_2室有 2 个小斑；2a 室基部无白斑；亚顶端有 3 个小斑。后翅有黑斑，排列成 2 弧形列。

习性：栖息于中、低海拔林区。成虫白天活动，喜欢访花，多在草本植物集中开花的林间空地活动，飞行迅速。

黄襟弄蝶 *Pseudocoladenia dan*

弄蝶科 Hesperriidae　襟弄蝶属 *Pseudocoladenia*

识别特征：翅褐色或黑褐色。前翅中室斑雄蝶淡黄色，雌蝶白色，斑互相接触，但不愈合。前翅中室斑以上的前缘斑长度较短。后翅斑橙黄色，大小与排列多变化。

习性：幼虫以苋科牛膝属（土牛膝）、含羞草科含羞草属（含羞草）等植物为食。成虫白天活动，喜欢访花，多在草本植物集中开花的林间空地活动，飞行迅速。

中华捷弄蝶 *Gerosis sinica*

弄蝶科 Hesperriidae 捷弄蝶属 *Gerosis*

识别特征：腹部灰白色，翅黑褐色。前翅近顶角有 5 个小白斑，排成“Z”形，中室端有 1 个小白斑，中域至后缘有 1 列白斑。后翅中域有 1 条宽阔的白带，白带内 rs 室有 1 个黑点。外缘中部有黑白相间的缘毛。翅反面斑纹同正面，只后翅亚外缘多 1 列胡白色斑点，其余斑纹似翅表。

习性：幼虫以豆科黄檀属（黄檀、香港黄檀、藤黄檀）、樟科樟属（樟）等植物为食。成虫白天活动，喜欢访花，多在草本植物集中开花的林间空地活动，亦常到河边潮湿的沙地上吸水，飞行迅速。

角翅弄蝶 *Odontoptilum angulatum*

弄蝶科 Hesperriidae
角翅弄蝶属 *Odontoptilum*

识别特征：翅面栗褐色，前翅近后角外缘凹陷，翅基部和中部呈白色粉末状，无白色细线；cu_1室有 1 个新月形透明斑，压顶角有 2 个透明白斑。后翅臀角灰白色，有 3 条白色细线、1 条直的中横线和 1 条不规则弯曲的外横线，另有 1 条斜线在臀角与后缘构成一直角。后翅反面白色，基角有 1 个黑斑，外缘有 2 列黑褐色斑。

习性：栖息于中、低海拔山地。幼虫以椴树科破布叶属（破布叶），锦葵科木槿属（黄槿）、梵天花属（梵天花）以及无患子科异木患属（异木患）等植物为食。成虫白天活动，喜欢访花，多在草本植物集中开花的林间空地活动，亦常到河边潮湿的沙地上吸水，飞行迅速。

刷胫弄蝶 *Sarangesa dasahara*

弄蝶科 Hesperriidae　刷胫弄蝶属 *Sarangesa*

识别特征：小型种类，体黑褐色，有淡色鳞，后翅面有斑驳，中室端有2个白点，亚顶端也有两个小白点；后翅反面有许多不规则的横斑。雄蝶后足胫节有刷状毛撮。

习性：栖息于低海拔热带林区。成虫白天活动，喜欢访花，多在草本植物集中开花的林间空地活动，亦常到河边潮湿的沙地上吸水，飞行迅速。

飒弄蝶 *Satarupa gopala*

弄蝶科 Hesperriidae　飒弄蝶属 *Satarupa*

识别特征：大型种类，下唇须黄色，前翅各室有1行横列白色透明斑，中室端斑比 cu_2室斑小或无，cu_2室白斑比 m_3和 cu_1室斑窄；后翅基半部白色，其外缘有黑斑，形成黑边，黑斑间有白线分开；rs 室有1个独立的圆形黑斑。腹部白色。

习性：幼虫以芸香科花椒属（岭南花椒、椿叶花椒）、黄檗属（黄檗、川黄檗）、吴茱萸属（吴茱萸、楝叶吴萸）等植物为食。成虫白天活动，喜欢访花，多在草本植物集中开花的林间空地活动，飞行迅速。

黑边裙弄蝶 *Tagiades menaka*

弄蝶科 Hesperriidae
裙弄蝶属 *Tagiades*

识别特征：翅黑褐色至黑色，前翅斑点很小，亚顶端5个排成"S"形，m_3室也有1个，中室端及其前面各1个。后翅中部从Rs脉至后缘大片白色，外缘区黑斑互相愈合成1条宽带，白色区的边缘有几个圆形黑斑，cu_2室斑特别明显。后翅反面大部分白色从前缘到外缘黑色圆斑游离可见。

习性：栖息于中、低海拔山地。幼虫以薯蓣科薯蓣属薯莨等为食。成虫白天活动，喜欢访花，多在草本、灌木集中开花的林间空地及水边活动，飞行迅速。

沾边裙弄蝶 *Tagiades litigiosa*

弄蝶科 Hesperriidae
裙弄蝶属 *Tagiades*

识别特征：本种与黑边裙弄蝶相似，但后翅边缘有4个分离黑斑，其中2A脉端与Cu_1脉端黑斑等大，或略大，但绝不会大于Cu_2脉端斑的2倍。

习性：栖息于中、低海拔山地。幼虫以薯蓣科薯蓣属薯莨等为食。成虫白天活动，喜欢访草本植物的花，多在林间空地及水边见到，飞行迅速。

毛脉弄蝶 *Mooreana trichoneura*

弄蝶科 Hesperriidae
毛脉弄蝶属 *Mooreana*

识别特征：翅面黑褐色，前翅端半部有许多白色透明小点；后翅前缘黑色，沿外缘伸至m_2室，基半部有黑色放射状条纹，臀域和端半部雄蝶为橙黄色，雌蝶为白色。

习性：主要栖息于低海拔热带林区。幼虫以大戟科野桐属野桐为食。成虫访花，白天活动，飞行快速，受到惊扰后会停息在叶片下面。

奥丁弄蝶 *Odina decorata*

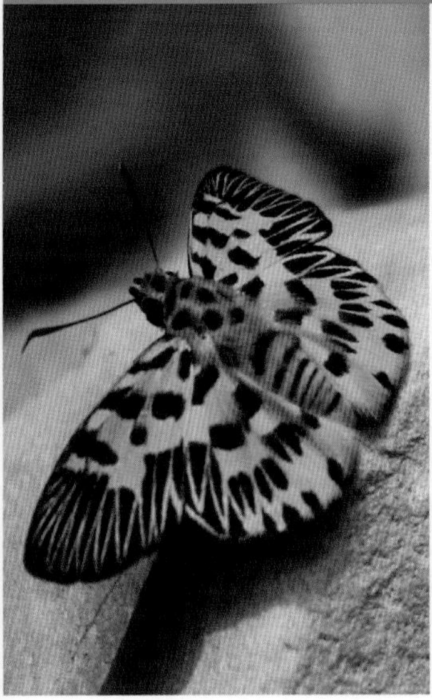

弄蝶科 Hesperriidae
奥丁弄蝶属 *Odina*

识别特征：大型种类。前翅正面橘黄色，其上由黑色斑组成3条排列规则的点状带，前翅亚缘黑色，其上排列规则的"之"字形灰白色线。

习性：主要栖息于低海拔热带林区的沟谷中。成虫白天活动，飞行缓慢，在开阔地的湿地上吸水。

曲纹袖弄蝶 *Notocrypta curvifascia*

弄蝶科 Hesperriidae
袖弄蝶属 *Notocrypta*

识别特征：展翅约 35~45 mm，为弄蝶中的大型种类。翅面黑褐色；前翅中域自中室前脉至 1A 脉有显著的白带，由三个方形大白斑弧形排列而成；亚顶端部有 3 个小白斑，m_1、m_2和 m_3室也各有 1 个小白斑；后翅无斑。翅反面颜色较淡，前翅白斑周围深黑色。雌、雄相似，但雌蝶较雄蝶体型稍大，色较淡。

习性：栖息于中、低海拔山林区。幼虫以姜科姜属（姜、红球姜）、姜黄属（姜黄、郁金）、山柰属（海南三七）、山姜属（山姜、华山姜、艳山姜、美山姜）、姜花属（姜花）植物为食。成虫爱吸蜜和鸟粪，静止时爱把翅膀半开。

宽纹袖弄蝶 *Notocrypta feisthamelii*

弄蝶科 Hesperriidae　袖弄蝶属 *Notocrypta*

识别特征：本种与曲纹袖弄蝶相似，但前翅正面亚顶端只有 2 个小白斑，白色中带较直，不甚弯曲；前翅反面中带越过中室前脉，到达前翅前缘。

习性：主要栖息于中、低海拔山区。幼虫以姜科山姜属山姜、艳山姜等植物为食。成虫白天活动，喜访花，也吸食鸟粪，飞行迅速。

窄纹袖弄蝶 *Notocrypta paralysos*

弄蝶科 Hesperriidae　袖弄蝶属 *Notocrypta*

识别特征：本种与曲纹袖弄蝶相似，但前翅白色中带较窄，其前端在反面到达前翅前缘，无亚顶端斑纹，仅 m_2室有 1 个小白点。

习性：主要栖息于中、低海拔山区。成虫白天在林缘空地及河边活动，喜访草本植物的花，飞行迅速，停息时将前、后翅半张开。

森下袖弄蝶 *Notocrypta morishitai*

弄蝶科 Hesperriidae

袖弄蝶属 *Notocrypta*

识别特征：本种与曲纹袖弄蝶很相似，但前翅仅亚顶端部有 3 个小白点，m_1、m_2和 m_3室无小白点，中白带未进前缘室和臀域；反面前后翅外缘有白色鳞。

习性：主要栖息于低海拔热带森林地带。成虫白天活动，喜访花，尤其喜欢在林缘空地及河边采食草本植物的花，飞行迅速，停息时将前、后翅全部张开。

黑色钩弄蝶 *Ancistroides nigrita*

弄蝶科 Hesperriidae
钩弄蝶属 *Ancistroides*

识别特征：翅面褐色无斑纹，向外缘颜色渐淡。翅反面被赭色的鳞。

习性：主要栖息于低海拔热带森林地带。幼虫以姜科姜属（姜）、姜黄属植物为食。成虫白天活动，喜欢在林缘空地及河边采食草本植物的花，飞行迅速，也见于河边潮湿沙地上吸水，停息时将前、后翅合拢。

雅弄蝶 *Iambrix salsala*

弄蝶科 Hesperriidae
雅弄蝶属 *Iambrix*

识别特征：雄蝶翅正面褐色，前翅中域有1列淡色小斑，在中室与 Cu_2 和 Cu_1 脉基部间有1条状性斑；雌蝶前翅正面有几个斜走半透明白色斑点。后翅无纹。翅反面红褐色，两翅有数个银色斑，后翅中室端部1个银斑最大。

习性：主要栖息于中、低海拔山区。幼虫以禾本科刺竹属、豆科含羞草属植物为食。成虫白天活动，喜欢在林缘空地及河边采食草本植物的花，飞行迅速，也见于河边潮湿沙地上吸水，停息时将前、后翅合拢，或将后翅平展，前翅竖立。

红标弄蝶 *Koruthaialos rubecula*

弄蝶科 Hesperiidae
红标弄蝶属 *Koruthaialos*

识别特征：翅黑色，前翅有1条红色宽带，带的两侧平行，后端不到达后缘。下唇须第3节细而尖，明显凸出。

习性：主要栖息于低海拔热带林区。成虫白天活动，喜欢在林缘空地及河边采食草本植物的花，飞行迅速，也见于河边潮湿沙地上吸水。

烟弄蝶 *Psolos fuligo*

弄蝶科 Hesperiidae　烟弄蝶属 *Psolos*

识别特征：翅正面深褐色。有金属光泽，无斑纹，雄翅前翅反面在 Cu 脉起点下有一卵形暗色带。

习性：主要栖息于中、低海拔山区。幼虫以天南星科植物为食。成虫白天活动，喜访花，飞行迅速，也见于河边潮湿沙地上吸水，停息时将前、后翅合拢，或将后翅平展，前翅竖立。

黑锷弄蝶 *Aeromachus piceus*

弄蝶科 Hesperiidae　锷弄蝶属 *Aeromachus*

识别特征：小型种类。翅正面黑色，无斑纹；反面棕褐色，缘毛黄白色。前、后翅反面均有亚外缘线和外横线，各由1列黄白色小斑组成，前翅的线都不到达后缘。后翅基部另有1小斑点。

习性：主要栖息于低海拔热带林区。成虫白天活动，喜欢在林缘空地及河边采食草本植物的花，飞行迅速，也见于河边潮湿沙地上吸水。

疑锷弄蝶 *Aeromachus dubius*

弄蝶科 Hesperiidae
锷弄蝶属 *Aeromachus*

识别特征：极小型种类。触角棒状，有一直尖。前翅外横缘隐约可见小白斑列，中室有小白点。前翅反面淡灰色，后翅反面中室和亚缘的灰色斑明显。雄蝶无性标；雌蝶翅反面斑纹较雄蝶明显。

习性：主要栖息于中、低海拔山区。成虫白天活动，喜欢在林缘空地及河边采食草本植物的花，飞行迅速，也见于河边潮湿沙地上吸水。停息时将后翅平展，前翅竖立。

河伯锷弄蝶 *Aeromachus inachus*

弄蝶科 Hesperriidae　锷弄蝶属 *Aeromachus*

识别特征：小型种类。前翅外横带有7~8个小白点，排成弧形，中室端有1个小白点；后翅正面无斑纹。前翅反面有外横带和亚缘带白点列，后翅脉纹色淡，脉间散生许多黑色三角斑。

习性：主要栖息于中、低海拔山区。成虫白天活动，喜访花，飞行迅速，也见于河边潮湿沙地上吸水。停息时将后翅平展，前翅竖立。

腌翅弄蝶 *Astictopterus jama*

弄蝶科 Hesperriidae　腌翅弄蝶属 *Astictopterus*

识别特征：前翅顶端和后翅臀角均圆，R1和Sc脉接近，翅黑褐色；后翅反面有深色条纹。湿季型前翅无斑，旱季型前翅亚顶端有白斑。

习性：主要栖息于中、低海拔山区。幼虫以禾本科马唐属的十字马唐和芒属的芒等植物为食。成虫访花，常在山径旁的草丛出现，飞行缓慢且经常停留。

窄翅弄蝶 *Apostictopterus fuliginosus*

弄蝶科 Hesperriidae 窄翅弄蝶属 *Apostictopterus*

识别特征：大型种类。翅窄长，前翅长，接近30 mm，棕色，无斑纹；后翅中室长，前翅 R_1脉与 R_2脉分开，前足胫节有发达的距。

习性：主要栖息于低海拔山区。成虫访花，常在山径旁的草丛出现，天气炎热时也会到潮湿沙地上吸水。

双子酣弄蝶 *Halpe porus*

弄蝶科 Hesperriidae
酣弄蝶属 *Halpe*

识别特征：前翅中室有2个分离的白斑。后翅反面中带白色，有黑色和淡色的季节型变化。

习性：主要栖息于低海拔热带地区。幼虫以禾本科藤竹属藤竹等植物为食。成虫访花，常在林间空地、草本植物集中开花的路边活动，天气炎热时也会到潮湿沙地上吸水。

缅甸酣弄蝶 *Halpe burmana*

弄蝶科 Hesperiidae
酣弄蝶属 *Halpe*

识别特征：前翅有7个白色斑，中室2个白斑相连。后翅反面中带白色。

习性：主要栖息于低海拔热带河谷地区。成虫访花，常在林间空地、草本植物集中开花的路边活动，天气炎热时也会到潮湿沙地上吸水，飞行迅速。

窄带酣弄蝶 *Halpe elana*

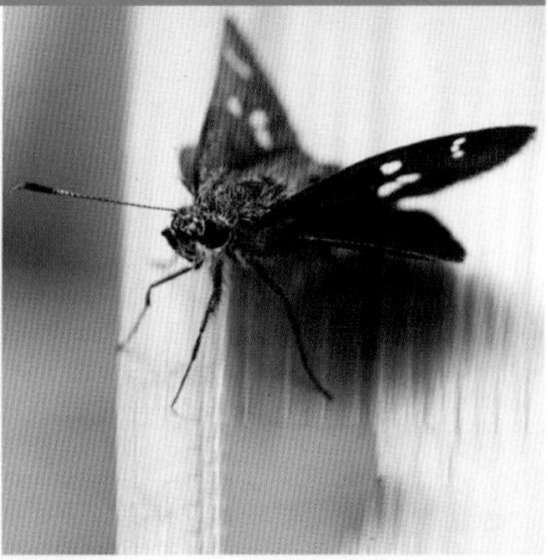

弄蝶科 Hesperiidae　酣弄蝶属 *Halpe*

识别特征：前翅中室有2个分离的白斑。外缘斑3个。后翅反面中带白色，较窄。

习性：主要栖息于低海拔热带河谷地区。成虫喜访花吸蜜，停息时会将前、后翅缓慢张开，受到惊扰时迅速合拢，准备飞离。

豪威酣弄蝶 *Halpe hauxwelli*

弄蝶科 Hesperiidae
酣弄蝶属 *Halpe*

识别特征：前翅中室有 2 个相连的白斑。后翅反面有清晰的斑列。

习性：主要栖息于低海拔热带地区。成虫喜访花吸蜜，也喜欢吸食鸟类新鲜粪便。

左拉酣弄蝶 *Halpe zola*

弄蝶科 Hesperiidae　酣弄蝶属 *Halpe*

识别特征：前翅反面中室缘有 1 个白斑。后翅反面有宽而清晰的白带。

习性：主要栖息于低海拔热带河谷地区。成虫喜访花吸蜜，停息时会将前、后翅缓慢半张开，受到惊扰时迅速合拢，准备飞离。

琵弄蝶 *Pithauria murdava*

弄蝶科 Hesperiidae　琵弄蝶属 *Pithauria*

识别特征：雄蝶翅正面无性标，前翅基部和后翅大半部被稀疏绿赭色毛。前翅中室端有2个小淡黄色斑；m_1、m_2、cu_1和cu_2室各有1个淡黄色斑；2a室无斑，反翅无斑。雌蝶不被绿赭色毛，而有较大的白色斑。

习性：主要栖息于低海拔热带林区。成虫喜访花吸蜜，天气炎热时会到潮湿的沙地上吸水。

黄标琵弄蝶 *Pithauria marsena*

弄蝶科 Hesperiidae

琵弄蝶属 *Pithauria*

识别特征：本种与琵弄蝶相似，雄蝶前翅基部有黄色性标，后翅Rs与M脉上有针状毛；后翅反面具分散的小白点。

习性：主要栖息于低海拔热带河谷地区。成虫访花吸蜜，也喜欢吸食新鲜鸟粪，天气炎热时会到潮湿的沙地上吸水。

徕陀弄蝶 *Thoressa latris*

弄蝶科 Hesperiidae　陀弄蝶属 *Thoressa*

识别特征：前翅亚外缘斑退化；前翅中室内有2个斑，前、后翅反面顶端亚缘具赭色带，缘毛黑白两色相间。

习性：栖息于中、低海拔地区。成虫多在开阔地活动，访花吸蜜，天气炎热时会到潮湿的沙地上吸水。

金脉奥弄蝶 *Ochus subvittatus*

弄蝶科 Hesperiidae　奥弄蝶属 *Ochus*

识别特征：小型弄蝶。翅正面黑色，无斑纹。前翅反面前缘、外缘、整个后翅反面均为橙黄色，从后翅基部向外缘直达前翅外缘有规则的放射状黑色斑列。

习性：栖息于低海拔热带林区。成虫多在林缘、开阔地活动，访花吸蜜，夏季雨后常在草丛上停息。

刺胫弄蝶 *Baoris farri*

弄蝶科 Hesperiidae　刺胫弄蝶属 *Baoris*

识别特征：前翅斑纹变化较大，一般 r_3、r_4、r_5室各有 1 个小斑，m_1室无斑，m_2、m_3、cu_1室的斑逐一加大，有 2 个中室斑。雌蝶在 cu_2室有 1 个不透明斑；后翅无斑纹。但雄蝶中室内有 1 个横卧黑色毛丛性标。雄蝶外生殖器抱握瓣有一大而弯的刺状腹突。

习性：栖息于中、低海拔地区。幼虫以禾本科刺竹属植物为食。成虫多在林缘、开阔地访花吸蜜，停息时会缓慢地把前、后翅打开，受到惊扰时迅速合拢，准备飞离。

放踵珂弄蝶 *Caltoris cahira*

弄蝶科 Hesperiidae　珂弄蝶属 *Caltoris*

识别特征：前翅黑褐色，中域有 7 个白斑，围成圆弧形，cu_2室有 1 个小白斑；后翅臀角部凸出；翅反面赭色或赭灰色。

习性：栖息于中、低海拔地区。幼虫禾本科短柄草属川上短柄草等植物为食。成虫多在林缘、开阔地访花吸蜜，也会到潮湿的沙地上吸水，飞行迅速。

直纹稻弄蝶 *Parnara guttata*

弄蝶科 Hesperiidae　稻弄蝶属 *Parnara*

识别特征：翅正面褐色，前翅具半透明白斑7~8个，排列成半环状；后翅中央有4个白色透明斑，排列成一直线。翅反面色淡，被有黄粉，斑纹和翅正面相似。雄蝶翅中室端2个斑大小基本一致，而雌蝶上方1个斑长大，下方1个多退化成小点或消失。

习性：栖息于从低海拔到高海拔的各种生境。幼虫禾本科水蔗草属（水蔗草）、细柄草属（细柄草）、白茅属（白茅）、莠竹属（刚莠竹）、稻属（稻）、甘蔗属（甘蔗）等植物为食。成虫访花，喜欢在开阔地活动。

曲纹稻弄蝶 *Parnara ganga*

弄蝶科 Hesperiidae
稻弄蝶属 *Parnara*

识别特征：翅展35~40 mm，翅正面褐色，前翅具半透明白斑7~8个，后翅中央有4个白色透明斑，但不排列成直线。

习性：栖息于从低海拔到高海拔的各种生境。幼虫以禾本科稻属（稻）、刚竹属等植物为食。成虫访花，喜欢在开阔地活动。天气炎热时也会到潮湿的沙地上吸水，飞行迅速。

多纹稻弄蝶 *Parnara apostata*

弄蝶科 Hesperiidae　稻弄蝶属 *Parnara*

识别特征：本种与曲纹稻弄蝶相似，后翅反面除 4 个常见白斑外，尚有一多余的白斑点，中室端附近也有一多余的白斑点。

习性：栖息于中、低海拔地区。幼虫以禾本科稻属植物为食。成虫访花，喜欢在开阔地活动，飞行迅速。天气炎热时也会到潮湿的沙地上吸水。

幺纹稻弄蝶 *Parnara bada*

弄蝶科 Hesperiidae

稻弄蝶属 *Parnara*

识别特征：较直纹稻弄蝶和曲纹稻弄蝶小，翅斑也较微小。前翅长，一般中室外有 6 个黄白色小斑纹；后翅中域斑有的全部消失，通常有 1~2 个斑清晰可见。两翅反面中域斑全部或一部分退化成褐色小点，但多数都较清晰可见。不排成一直线，雄蝶外生殖器抱握瓣上缘锯齿状，极度隆突，致使中部远较端部宽阔。

习性：栖息于从低海拔到高海拔的各种生境。幼虫以禾本科稻属（稻）、菰属（茭白）、玉蜀黍属（玉米）、高粱属（高粱）、狗尾草属（狗尾草）、竹类等植物为食。幼虫孵化后，爬至叶片边缘或叶尖处吐丝缀合叶片，做成圆筒状纵卷虫苞，潜伏在其中为害。成虫访花，喜欢在开阔地活动，飞行迅速。

中华谷弄蝶 *Pelopidas sinensis*

弄蝶科 Hesperriidae　谷弄蝶属 *Pelopidas*

识别特征：雄蝶前翅正面 2a 室有斜走白线状性标，后翅正面有 4 个小白斑排成 1 列，第一个特别小，后翅反面除与正面相似的 4 个斑纹外，另在 m_1室和中室内各有 1 条斑纹。雌蝶斑纹较大，后翅中室内有明显的银白斑。

习性：栖息于中、低海拔地区。幼虫以禾本科稻属（稻）和芒草属（中国芒）等植物为食。成虫访花，喜欢在开阔地活动，飞行迅速。

南亚谷弄蝶 *Pelopidas agna*

弄蝶科 Hesperriidae　谷弄蝶属 *Pelopidas*

识别特征：雄蝶前翅正面性标位于中室端 2 个白点连线上或外侧，其末端在 2A 脉上略接近外缘；前翅斑点微小；后翅多无斑纹，但有的有几个斑点痕迹。雄蝶后翅反面绿赭色，有小的后中斑及 1 个中室斑。

习性：栖息于从低海拔到高海拔的各种生境。幼虫以禾本科稻属（稻）、雀稗属（两耳草）、臂形草属（巴拉草）、细柄草属（细柄草）、莠竹属（刚莠竹）、䅟属（牛筋草）、鸭嘴草属（细毛鸭嘴草）等植物为食。成虫访花，也吸食新鲜鸟粪，喜欢在开阔地活动，飞行迅速。

隐纹谷弄蝶 *Pelopidas mathias*

弄蝶科 Hesperriidae　谷弄蝶属 *Pelopidas*

识别特征：翅黑褐色，披有黄绿色鳞片，前翅上有8个半透明的白斑，排成不整齐环状；雄性有1条灰色斜走线状性标，即香鳞区；后翅黑灰赭色，无斑纹，前翅里面斑纹似翅表；后翅亚外缘中室外具5个小白点，中室内也有1小白点。

习性：栖息于从低海拔到高海拔的各种生境。幼虫以禾本科芒属（芒、五节芒）、臂形草属（巴拉草）、白茅属（白茅）、雀稗属（两耳草）、高粱属（高粱）、稻属（稻）、甘蔗属（甘蔗）、玉蜀黍（玉米）等植物为食。成虫喜欢访花吸蜜，飞行迅速。

印度谷弄蝶 *Pelopidas assamensis*

弄蝶科 Hesperriidae　谷弄蝶属 *Pelopidas*

识别特征：为谷弄蝶属大型弄蝶。雄蝶无第二性征，翅正面暗紫褐色，前翅有白色透明斑，但斑纹较大，前翅中室2个斑相连，后翅 m_3室有1个白斑，有时 m_2室也有1个小白斑。

习性：栖息于中、低海拔地区。幼虫以禾本科植物为食。成虫喜欢访花吸蜜，常在林缘及开阔地活动，飞行迅速。

古铜谷弄蝶 *Pelopidas conjuncta*

弄蝶科 Hesperriidae 谷弄蝶属 *Pelopidas*

识别特征：翅展约40 mm。翅正面暗紫褐色，半透明斑纹淡黄色；后翅通常无纹，有时有不明显斑纹。翅反面棕褐色。近似印度谷弄蝶，但本种体型及斑纹较小，颜色较淡，翅正面半透明斑纹淡黄色，前翅共9枚，后翅通常无纹，有时在 m_3室有不明显的斑纹。

习性：栖息于中、低海拔地区。幼虫以禾本科植物为食。成虫喜欢访花吸蜜，并偏好吸食鸟类的粪便。常在林缘及开阔地活动，飞翔迅速而带跳跃。

盒纹孔弄蝶 *Polytremis theca*

弄蝶科 Hesperriidae 孔弄蝶属 *Polytremis*

识别特征：前翅正面中室斑有2个白斑分开，雄蝶无性标，2A室中央有一个白斑。与透纹孔弄蝶近似，但生殖器的构造不同，cu_1室白斑斜方形，位置不同，不与中室斑相重叠。

习性：栖息于中、低海拔地区。成虫喜欢访花吸蜜，并偏好吸食鸟类的粪便。常在林缘及开阔地活动，天气炎热时到潮湿的沙地上吸水。

融纹孔弄蝶 *Polytremis discreta*

弄蝶科 Hesperriidae　孔弄蝶属 *Polytremis*

识别特征：前翅中室内仅有1个白斑（由2个愈合而成）；中室下由cu_1室斑与m_3室斑愈合成1个明显的斑，后翅有3个白斑，臀角缘毛白色。

习性：栖息于低海拔林区。成虫喜欢访花吸蜜，并偏好吸食鸟类的粪便。常在林缘及开阔地活动，天气炎热时到潮湿的沙地上吸水。

黄赭弄蝶 *Ochlodes crataeis*

弄蝶科 Hesperriidae　赭弄蝶属 *Ochlodes*

识别特征：雄蝶翅正面基半部黄赭色，端半部淡黑色，斑纹黄白色，性斑黑色，中有白线；雌蝶翅黑色，基部有赭色鳞，斑纹银白色。中室端斑2个，互相接触；亚顶端小斑3个，上面1个最小，m_3室斑小，三角形；cu_1室斑梯形，雌蝶的很大；cu_2斑楔形不透明，雄蝶为黄赭色。后翅有3个黄色外斑，在m_1、m_3及cu_1室，中室斑隐约可辨。

习性：栖息于中、低海拔林区。成虫访花。常在林缘及开阔地活动，飞行迅速。天气炎热时到潮湿的沙地上吸水。

旖弄蝶 *Isoteinon lamprospilus*

弄蝶科 Hesperriidae
旖弄蝶属 *Isoteinon*

识别特征：雄蝶翅正面黑褐色，外缘毛黑白色相间，前翅亚顶端有3个长方形小白斑，中域有4个方形透明白斑，1个在中室端，其他3个在 cu_2、cu_1、m_1室，构成一条直线，后翅无纹。翅反面黄褐色，前翅后半部黑色，斑纹与翅正面相同；后翅中室具黄色鳞毛，有8个银白色斑点，排成1个圆圈，中间1个较大，银斑周围有黑褐色边。

习性：栖息于中、低海拔林区。幼虫以禾本科芒属（芒、五节芒）、芦竹属（台湾芦竹）等植物为食。成虫喜访花。常在林缘及开阔地活动，飞行迅速。天气炎热时到潮湿的沙地上吸水。

玛弄蝶 *Matapa aria*

弄蝶科 Hesperriidae　玛弄蝶属 *Matapa*

识别特征：复眼红色，头、胸部及翅基及前足胫节被绿毛。雄蝶翅正面深褐色，前翅缘具灰白色缘毛，后翅具白色、淡黄色或橘黄色缘毛；前翅正面有窄的性标，不明显。雌蝶与雄蝶相似。

习性：栖息于中、低海拔林区。幼虫以禾本科竹类为食。幼虫在竹上缀叶为虫苞，在苞内取食竹叶。成虫喜访花。常在林缘及开阔地活动，飞行迅速。天气炎热时到潮湿的沙地上吸水。

希弄蝶 *Hyarotis adrastus*

弄蝶科 Hesperriidae　希弄蝶属 *Hyarotis*

识别特征：前翅中室有 1 个透明白斑，cu_1室有 1 个较大的透明斑，互相愈合，cu_2室有 1 个白斑，亚顶端小斑 3 个。后翅正面无斑，反面有 1 个不规则的白色中带和 3 个亚缘黑斑。

习性：栖息于中、低海拔林区。幼虫以棕榈科省藤属（白藤）、散尾葵属（散尾葵）、刺葵属（软叶刺葵）等植物为食。成虫喜访花。常在林缘及开阔地活动，飞行迅速。天气炎热时到潮湿的沙地上吸水。

黄裳肿脉弄蝶 *Zographetus satwa*

弄蝶科 Hesperriidae　肿脉弄蝶属 *Zographetus*

识别特征：翅黑褐色，中室端及 m_3室、cu_1室各有 1 个白斑；雄蝶在 2A 和 Cu_2脉有性标，雌蝶在 cu_2室具白斑。反面前翅前缘有黄带，后翅端半部紫黑色，基半部赭黄色，有几个黑斑。雄蝶前翅反面 2A 和 Cu_2脉基部膨大。

习性：栖息于低海拔热带林区。幼虫以豆科羊蹄甲属龙须藤等植物为食。成虫喜访花。常在林缘及开阔地活动，飞行迅速。天气炎热时到潮湿的沙地上吸水。

尖翅黄室弄蝶 *Potanthus palnia*

弄蝶科 Hesperriidae　黄室弄蝶属 *Potanthus*

识别特征：翅黑褐色，斑纹橙黄色。前翅较尖，正面前缘橙黄色，中室端有 2 个斑，后翅中域有 1 条横带，基部有 2 个斑。翅反面斑纹同正面，前翅亚外缘带外侧和后翅横带两侧缀有黑色斑。

习性：栖息于中、低海拔林区。成虫喜访花，常在林缘及开阔地活动，飞行迅速，夏季天气炎热时到潮湿的沙地上吸水。

直纹黄室弄蝶 *Potanthus rectifasciatus*

弄蝶科 Hesperriidae　黄室弄蝶属 *Potanthus*

识别特征：翅正面茶褐色，无紫色光泽。雄蝶前翅自 2A 脉到 M_2脉有 1 条性标斑，中横斑带自 M_1脉到臀缘直；后翅中带延伸至 m_1室，反面延伸至 R_1脉，其两侧有黑点。

习性：栖息于中、低海拔林区。成虫喜访花，亦吸食新鲜粪便。常在林缘及开阔地活动，飞行迅速，夏季天气炎热时到潮湿的沙地上吸水。

断纹黄室弄蝶 *Potanthus trachalus*

弄蝶科 Hesperiidae　黄室弄蝶属 *Potanthus*

识别特征：翅正面 m_1 室和 m_2 室的黄斑与 r_5 室和 m_3 室的后中黄斑带完全分离；后翅 r_1 室有黄斑，r_5 室没有黄斑，黄色带较模糊。雄蝶前翅面性标较短，仅抵达黄色后中带内缘的凹处，后翅 r_5 室有 1 个显著的黄斑。

习性：栖息于中、低海拔山区。幼虫以禾本科芒属芒、五节芒等植物为食。成虫喜访花，常在林缘及开阔地活动，飞行迅速，夏季天气炎热时到潮湿的沙地上吸水。

宽纹黄室弄蝶 *Potanthus pavus*

弄蝶科 Hesperiidae　黄室弄蝶属 *Potanthus*

识别特征：前翅橙黄色带较宽，m_1 和 m_2 室的橙黄色斑外移，但与 m_1 和 cu_1 室的斑相连，后翅中带进入 rs 室。

习性：栖息于低海拔热带林区。成虫白天活动，喜访花。常在林缘及开阔地草本集中开花的区域活动，飞行迅速。天气炎热时到潮湿的沙地上吸水。

长标弄蝶 *Telicota colon*

弄蝶科 Hesperriidae　长标弄蝶属 *Telicota*

识别特征：本种翅色特别橙黄，雄蝶前翅的性标很长，到达 m_3室的基部，并靠近黑带的内侧，r_5室斑与 m_1室斑之间通常中断，脉纹进入黑色外缘带的部分黄色，cu_2室基部黄色。后翅反面显绿色。

习性：栖息于中、低海拔山区。成虫白天活动，喜访花，常在林缘及开阔地活动。天气炎热时到潮湿的沙地上吸水。

紫翅长标弄蝶 *Telicota augias*

弄蝶科 Hesperriidae
长标弄蝶属 *Telicota*

识别特征：本种与长标弄蝶相似，但前翅 r_5室的黄斑与 m_1室的黄斑重叠。雄蝶的性标在黑带的中央。后翅的黄色进入 r_5室。翅的反面呈紫色，雌蝶更明显。

习性：栖息于低海拔热带森林。成虫喜访花，常在林缘及开阔地草本集中开花的区域活动，亦吸食动物粪便汁液，飞行迅速。

黄纹长标弄蝶 *Telicota ohara*

弄蝶科 Hesperriidae　长标弄蝶属 *Telicota*

识别特征：近似于紫翅长标弄蝶，但雄蝶性标较窄，位于黑带的中央，不到达 m_3室的基部，cu_2室基部黑色，后翅黄带终止于 m_1脉。

习性：栖息于低海拔热带森林。幼虫以禾本科狗尾草属棕叶狗尾草、狗牙根属狗牙根等植物为食。成虫喜访花，常在林缘及开阔地草本集中开花的区域活动，亦吸食动物粪便汁液，或在潮湿的沙地上吸水，飞行迅速。

双子偶侣弄蝶 *Oriens goloides*

弄蝶科 Hesperriidae　偶侣弄蝶属 *Oriens*

识别特征：小型种类，前翅中室有 1~2 个独立的黄斑，外中带被 M_1脉黑线切断。

习性：栖息于低海拔热带森林。成虫喜访花，在林缘及开阔地草本集中开花的区域活动，或在潮湿的沙地上吸水，飞行迅速。

黄斑弄蝶 *Ampittia dioscorides*

弄蝶科 Hesperiidae　黄斑弄蝶属 *Ampittia*

识别特征：翅黑色，雄蝶前翅正面前缘室基半部和中室为黄色，有黄色外横带，但 m_1 和 m_2 室无黄斑，cu_1 室有 1 条黑带；后翅有 1 个黄色中室 1 条外黄带。雌蝶翅黄斑退化，前翅无前缘斑，中室斑只存端部圆斑，但在 m_1 室有 1 个黄斑。

习性：栖息于多种生境。幼虫以禾本科稻属（稻）等为食，以单叶卷筒中取食叶片。常见于阳光下活动，习性敏捷，很少安静的停息。

小黄斑弄蝶 *Ampittia nana*

弄蝶科 Hesperiidae　黄斑弄蝶属 *Ampittia*

识别特征：小型种类，翅展只有 21 mm，黑褐色。前翅有 6 个黄点，中室端 1 个，5 个在外排成横列，近前缘 3 个，中室 2 个。后翅无斑，前翅反面前缘有黄鳞，横带 2 组间增加 2 个黄斑；后翅反面有很多黄斑，端部排成 2 列弧形带。

习性：幼虫以禾本科假稻属李氏禾植物为食。成虫常在溪边的湿地活动，或停息于草枝叶上。

拉丁名索引

中文名索引

参考文献

[1] 安建梅，芦荣胜. 动物学野外实习指导. 北京：科学出版社，2008.
[2] 北京林学院. 森林昆虫学. 北京：中国林业出版社，1980.
[3] 彩万志，李虎. 中国昆虫图鉴. 太原：山西科学技术出版社，2015.
[4] 彩万志，宠雄飞，花保祯，等. 普通昆虫学. 2版. 北京：中国农业大学出版社，2011.
[5] 陈明勇，李正玲，王爱梅，等. 西双版纳蝶类多样性. 昆明：云南美术出版社，2012.
[6] 陈树椿. 中国珍稀昆虫图鉴. 北京：中国林业出版社，1998.
[7] 樊东. 普通昆虫学及实验. 北京：化学工业出版社，2012.
[8] 何时新. 中国常见蜻蜓图说. 杭州：浙江大学出版社，2007.
[9] 胡志浩，吴兆录. 云南野外综合实习指导：生物学 环境科学. 昆明：云南大学出版社，2004.
[10] 付新华. 中国萤火虫生态图鉴. 北京：商务印书馆，2014.
[11] 黄灏，张巍巍. 常见蝴蝶野外识别手册. 重庆：重庆大学出版社，2008.
[12] 嵇保中，刘曙雯，张凯. 昆虫学基础与常见种类识别. 北京：科学出版社，2011.
[13] 蒋书楠，蒲富基，华立中. 中国经济昆虫志：第三十五册 鞘翅目 天牛科（三）. 北京：科学出版社，1985.
[14] 李成章，罗志义. 农业昆虫一百种鉴别图册. 上海：上海科学技术出版社，1979.

[15] 李丽莎. 云南天牛. 昆明：云南科技出版社，2009.
[16] 李湘涛. 昆虫博物馆. 北京：时事出版社，2005.
[17] 李元胜. 昆虫的国度. 济南：山东画报出版社，2008.
[18] 廖峻涛，陈自明，陈明勇. 动物学野外实习指导. 北京：高等教育出版社，2012.
[19] 廖峻涛，陈自明，陈明勇. 动物学野外实习指导. 2版. 北京：高等教育出版社，2015.
[20] 林美英. 常见天牛野外识别手册. 重庆：重庆大学出版社，2015.
[21] 马建章. 中国野生动物保护实用手册. 北京：科学技术文献出版社，2002.
[22] 蒲富基. 中国经济昆虫志：第十九册 鞘翅目 天牛科（二）. 北京：科学出版社，1980.
[23] 乔治•C•麦加文. 昆虫. 2版. 王琛柱，译. 北京：中国友谊出版公司，2007.
[24] 任顺祥，王兴民，庞虹，等. 中国瓢虫原色图鉴. 北京：科学出版社，2009.
[25] 赛道建. 动物学野外实习教程. 北京：科学出版社，2005.
[26] 王平远. 中国经济昆虫志：第二十一册 鳞翅目 螟蛾科. 北京：科学出版社，1980.
[27] 王心丽. 夜幕下的昆虫. 北京：中国林业出版社，2008.
[28] 韦庚武，张浩森. 蜻蜓之地：海南蜻蜓图鉴. 北京：中国林业出版社，2015.
[29] 西双版纳国家级自然保护区管理局，云南省林业调查规划院. 西双版纳国家级自然保护区. 昆明：云南教育出版社，2005.
[30] 肖方. 野生动植物标本制作. 北京：科学出版社，1999.
[31] 萧刚柔. 中国森林昆虫. 2版（增订本）. 北京：中国林业出版社，1992.
[32] 薛大勇. 动物标本采集、保藏、鉴定和信息共享指南. 北京：中国标准出版社，2010.
[33] 杨星科，刘思孔，崔俊芝. 身边的昆虫. 北京：中国林业出版社，2005.
[34] 易传辉，和秋菊. 云南常见昆虫. 昆明：云南科技出版社，2010.
[35] 易传辉，和秋菊，王琳，等. 云南蛾类生态图鉴（Ⅰ）. 昆明：云南科技出版社，2014.
[36] 易传辉，和秋菊，王琳，等. 云南蛾类生态图鉴（Ⅱ）. 昆明：云南科技出版社，2014.
[37] 虞国跃. 中国瓢虫亚科图志. 北京：化学工业出版社，2010.
[38] 云南省林业厅，中国科学院动物研究所. 云南森林昆虫. 昆明：

云南科技出版社，1987.
[39] 张培毅. 高黎贡山昆虫生态图鉴. 哈尔滨：东北林业大学出版社，2011.
[40] 张巍巍，李元胜. 中国昆虫生态大图鉴. 重庆：重庆大学出版社，2011.
[41] 张巍巍. 常见昆虫野外识别手册. 重庆：重庆大学出版社，2007.
[42] 张巍巍. 昆虫家谱. 重庆：重庆大学出版社，2014.
[43] 赵梅君，李利珍. 多彩的昆虫世界：中国600种昆虫生态图鉴. 上海：上海科学普及出版社，2005.
[44] 周尧. 中国蝶类志. 郑州：河南科学技术出版社，1994.
[45] 中国科学院动物研究所，浙江农业大学. 昆虫图册第三号：天敌昆虫图册. 北京：科学出版社，1978.
[46] 中国科学院动物研究所. 中国蛾类图鉴Ⅰ. 北京：科学出版社，1981.
[47] 中国科学院动物研究所. 中国蛾类图鉴Ⅱ. 北京：科学出版社，1982.
[48] 中国科学院动物研究所. 中国蛾类图鉴Ⅲ. 北京：科学出版社，1982.
[49] 中国科学院动物研究所. 中国蛾类图鉴Ⅳ. 北京：科学出版社，1983.
[50] 朱弘复. 昆虫图册第二号：蛾类图册. 北京：科学出版社，1980.
[51] 朱道玉. 动物学野外实习指导. 北京：化学工业出版社，2010.
[52] CARTER D. Butterflies and Moths. London: Dorling Kindersley Limited,1992.

读者意见反馈

为收集对教材的意见建议，进一步完善教材编写并做好服务工作，读者可将对本教材的意见建议通过如下渠道反馈至我社。

咨询电话　400-810-0598

反馈邮箱　gjdzfwb@pub.hep.cn

通信地址　北京市朝阳区惠新东街4号富盛大厦1座

高等教育出版社总编辑办公室

邮政编码　100029